从"底线保护"走向"全面管控"：
佛山市顺德区产业发展保护区规划研究

孙东琪　著

中国建筑工业出版社

图书在版编目（CIP）数据

从"底线保护"走向"全面管控"：佛山市顺德区产业发展保护区规划研究 / 孙东琪著 . — 北京：中国建筑工业出版社，2019.11

ISBN 978-7-112-24734-9

Ⅰ.①从… Ⅱ.①孙… Ⅲ.①产业开发区 — 城市规划 — 研究 — 顺德区 Ⅳ.①TU984.654

中国版本图书馆CIP数据核字（2020）第011392号

本书内容为顺德区产业发展保护区规划，分为两大部分，第一部分为主题报告，包括改革的发展形势与顺德责任、产业的历史发展与崭新使命、紧迫的用地现状与问题根源、既有的用地规划与现实需求、产业发展保护区的划定依据与方案、产业用地空间的分类划定与全面管控、制度创新与规划实施政策。第二部分为专题研究，包括顺德区产业经济发展与空间演变、顺德区工业用地现状分析评估、顺德区工业用地规模需求预测、国内外工业用地管控案例借鉴、顺德区产业发展管理机制体制研究、顺德区村集体工业用地利益主体博弈分析、顺德区股份社改革研究与制度设计。本书适合各级城市规划主管部门管理人员、城市规划从业者等阅读。

责任编辑：杜　川
责任校对：张　颖

从"底线保护"走向"全面管控"：
佛山市顺德区产业发展保护区规划研究

孙东琪　著

*

中国建筑工业出版社出版、发行（北京海淀三里河路9号）
各地新华书店、建筑书店经销
北京点击世代文化传媒有限公司制版
北京建筑工业印刷厂印刷

*

开本：787毫米×960毫米　1/16　印张：14½　字数：254千字
2020年12月第一版　2020年12月第一次印刷
定价：70.00元
ISBN 978-7-112-24734-9
（35059）

目　录

第一章　改革的发展形势与顺德责任

中国改革开放背景下的城镇化、工业化与经济增长是世界上最瞩目的历史事件。在此背景下，四十余年来国家实施了众多大型的国家战略。从改革开放到经济特区（新城新区）、沿海开放，从城市群发展战略到自贸区、制造强国战略，再到一带一路、京津冀协同发展、长江经济带等战略的实施，具有五千年文明历史的中华民族正在谋划千年大计和经历千年大变革。多年来中国的改革发展和社会变迁远远超过了历史上任何时期，这一重大变迁不仅深刻地影响并改变着中国，而且更广泛深远地影响和改变着整个世界。在这一千年大变局中，中国的每个区域都在为这一伟大的变革时代创造奇迹、书写辉煌。顺德自然是这些战略中的关键一环，辉煌中的重要一分子，在用自己特有的方式为国家改革和战略书写重要一笔。

一、形势：国家战略与改革大幕拉开

（一）世界城市群建设引领国家发展

1. 世界经济格局的巨变与中国绿色和平崛起

曾经出任美国财政部部长、哈佛大学校长的劳伦斯·萨默斯预言，300 年以后的历史书会把冷战的结束作为第三等重要的事件，把伊斯兰世界和西方世界的关系作为第二等重要的事件，而头等重要的事件是发展中国家的崛起，尤其是中国和印度的崛起，以及这些国家与发达国家的关系和互动[1]。支持萨默斯结论的大有人在，2012 年经合组织对全球经济的展望中凸显了亚洲尤其是中国经济的重要性。按照 2005 年的购买力平价计算，以中国、印度、日本为代表的亚洲经济占全球经济比重 31%，到了 2015 年此比重为 42%，而到 2030 年将上升到 51%，到 2060 年将维持在 50% 以上。

此外，人民币国际化的进程也将不断提升中国在国际经济、政治体系中的地位。2015 年 12 月，人民币被国际货币基金组织纳入特别提款权（SDR）货币篮子。加入 SDR 意味着人民币正式成为国际货币基金组织 180 多个成员国的官方使用货币，国际货币基金组织也正式将人民币作为国际储备货币背书。这是国际货币影响力的一种表征。随着人民币逐渐成为全球储备货币和全球流通货币，中国经济必将在全球格局中扮演更加重要的角色（图 1-1）。

1　吴晓波. 历代经济变革得失 [M]. 杭州：浙江大学出版社，2013.

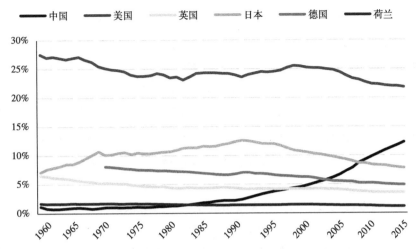

图 1-1　中国及发达国家占世界 GDP 比重比较

数据来源：世界银行数据库

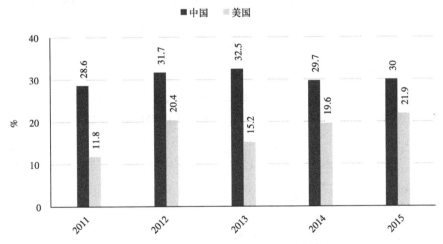

图 1-2　中国和美国对全球经济的贡献率的比重

数据来源：根据世界银行数据绘制

　　中国经济的崛起已经形成了广泛的共识，远景中国经济规模将占全球四分之一。到 2016 年成为全球第二大的经济体，2060 年占全球 28%[1]。著名经济史学家安格斯·麦迪森在分析中国高速发展原因的基础上认为，到 2030 年中国经济规模是美国的 1.38 倍，中国的人均 GDP 是美国的 34%，日本的 52%，相当于日本

1　Looking to 2060：Long-term growth prospects for the world，2012.

当前的水平（3.6 万美元）[1]（图 1-2）。

世界银行数据库资料对相关年份中、日、美、英对世界经济增长的贡献率排序结果显示，中国对世界经济增长的贡献率在 20 世纪 80 年代后开始日渐上升。在 2002 年后已超过美国居世界第一位。英国《经济学家》估计，新世纪以来中国对全球增长的贡献相当于印度、巴西、俄罗斯三大新型经济体综合的 2 倍[2]。2050 年中国将成为全球第一大经济体，在世界经济格局中的支配性地位显著。中国人均 GDP 将达到目前日本的水平，经济结构服务业占据主导地位，发展阶段进入后工业化时期。

2. 以全球城市为核心的世界级城市群体系参与全球竞争

在全球经济的新发展中，国家通过培育新兴增长极带动国家均衡发展。如美国目前形成了 11 个巨型城市区域，这些区域覆盖美国 31% 的县和 26% 的国土面积，拥有 74% 的人口。其中旧金山湾区、纽约湾区、加利福尼亚地区、五大湖地区、墨西哥湾地区等区域被公认为代表美国参与全球竞争的经济一体化区域，大城市群成为全球经济的重要引擎。中国的崛起速度受到世界瞩目，并以北京、上海、香港、广州等全球城市的崛起和以它们为核心的城市群带动发展为标志。

根据 GaWC 的研究，1998 年中国进入世界城市体系的城市数量有 4 个，分别是北京、上海、香港、台北。2012 年 18 个和 2016 年 22 个，其中 8 个被确定为 Beta 层级以上。广州于 2012 年以 Beta 级身份进入世界城市，2016 年进入 GaWC 排名的 Alpha 层级里面。2012 年，中国只有天津一个城市在 Gamma- 至 Beta- 层级中。2016 年有 12 个城市进入该层级，美国有 22 个城市进入该层级。随着中国城市竞争力的不断提升，将会有部分新兴城市陆续进入该层级。在全球城市周边区域，仅苏州作为上海的临近城市进入全球城市体系，其他城市以省会城市、副省级城市为主。可见在中国，行政层级在推动城市发展中起到决定性作用。顺德作为较低行政层级可借助与广州共同构筑大湾区核心区进入 Alpha 层级（表 1-1）。

顺德所在的粤港澳大湾区作为世界级城市群（表 1-2、表 1-3），对标的是旧金山湾区、东京湾、纽约曼哈顿等世界一流湾区。在多数世界级湾区城市群

1　Chinese Economic Performance in the Long Run，2007.

2　胡鞍钢. 中国崛起之路. 北京：北京大学出版社，2007.

中，中心城市首位度很高，也往往是国际化枢纽城市。例如，东京大都市占东京湾城市群 GDP 总量的 33%，纽约占纽约城市群 GDP 总量的 67.3%，旧金山占旧金山湾区城市群 GDP 总量的 65.1%。而粤港澳大湾区核心城市广州的经济总量只占到城市群总量的 20%，表明中国粤港澳大湾区城市群扁平化结构更加明显，广州、香港、深圳、澳门和佛山等粤港澳城市群内部城市层级普遍较高。这也表明广州与这些湾区核心城市的经济总量和综合竞争力相比仍有不小的距离（图 1-3）。

GaWC世界城市体系 表1-1

层级		2012 年中国	2016 年中国	2016 年美国	2016 年欧洲	2016 年其他
Alpha	Alpha++	—	—	纽约	伦敦	
	Alpha+	香港、上海、北京	香港、上海、北京	—	巴黎	新加坡、东京、迪拜
	Alpha	—	—	芝加哥、洛杉矶	米兰、法兰克福、马德里、华沙阿姆斯特丹、布鲁塞尔	悉尼、圣保罗、墨西哥城、孟买、莫斯科、约翰内斯堡、多伦多、首尔、伊斯坦布尔、吉隆坡、雅加达
	Alpha-	台北	台北、广州	华盛顿、旧金山、迈阿密	都柏林、卢森堡、巴塞罗那、里斯本、苏黎世、斯德哥尔摩、维也纳	墨尔本、新德里、曼谷、布宜诺斯艾利斯、马尼拉、波哥大、利雅得、圣地亚哥、特拉维夫
Beta	Beta+	广州	—	波士顿、亚特兰大、达拉斯、休斯敦	布拉格、哥本哈根、杜塞尔多夫、雅典、慕尼黑、布加勒斯特、赫尔辛基、布达佩斯、基辅、汉堡、罗马奥斯陆	胡志明、班加罗尔、开罗、利马、拉各斯、加拉加斯、奥克兰、开普敦
	Beta	深圳、澳门	深圳	费城	尼科西亚、日内瓦、柏林、索菲亚、伯拉第斯拉瓦	多哈、卡拉奇、蒙得维的亚、蒙特利尔、阿布扎比市、卡萨布兰卡市、温哥华、珀斯、河内、贝鲁特、布里斯班、麦纳麦

续表

层级		2012 年中国	2016 年中国	2016 年美国	2016 年欧洲	2016 年其他
Beta	*Beta-*	—	成都、天津	明尼阿波里斯市、丹佛、西雅图、圣何塞、圣路易斯、圣地亚哥	斯图加特、贝尔格莱德、曼彻斯特、里昂、安特卫普、萨格勒布、塔林、爱丁堡、科隆、鹿特丹港市	路易港、金奈、圣多明哥、里约热内卢、科威特、巴拿马、拉合尔、吉达、突尼斯、基多、危地马拉、卡尔加里、安曼、圣胡安、圣萨尔瓦多、加尔各答、蒙特雷、海得拉巴、达卡、伊斯兰堡
Gamma	*Gamma+*	天津	南京、杭州、青岛	克利夫兰、底特律、圣何塞	里加、维尔纽斯、伯明翰、格拉斯哥、波尔图、巴伦西亚、卢布尔雅那、圣彼得堡	瓜亚基尔、巴库、阿德莱德、科伦坡、马斯喀特、大阪、坎帕拉、乔治城、马那瓜、德班
	Gamma	—	大连、重庆、厦门	菲尼克斯、奥斯丁、辛辛那提、堪萨斯州、坦帕市	哥德堡、明斯克、都灵、地拉那、洛桑市、利兹市	特古西加尔巴、普纳、瓜达拉哈拉、第比利斯、达累斯萨拉姆、安卡拉、卢萨卡、亚松森、哈拉雷、摩苏尔、阿克拉、罗安达、阿比让
	Gamma-	—	台中、武汉、苏州、长沙、西安、沈阳	夏洛特、巴尔的摩、罗利、奥兰多、哥伦布、匹兹堡	贝尔法斯特、莱比锡、斯科普里、布里斯托尔、马尔摩、斯特拉斯堡、毕尔巴鄂、博洛尼亚、纽伦堡、弗罗茨瓦夫、马赛市、德累斯顿	麦德林、杜阿拉、马普托、哈博罗内、达喀尔、埃德蒙顿、惠灵顿、仰光
High Sufficiency		成都、青岛、杭州、南京、重庆	济南、高雄	康涅狄格州、密尔沃基、波特兰、杰克逊维尔、印第安纳波利斯、圣安东尼奥、盐湖城	利物浦、克拉科夫、乌特勒支、利尔玛索、里尔、纽卡斯尔、奥胡斯、波兹南、南安普顿	克雷塔罗、阿布贾、阿雷格里港、库里蒂巴、卡利、蒂华纳、比勒陀利亚、普埃布拉、拉巴斯、萨克拉门托、达曼、新山市、塔什干、埃里温、温德和克、金边、纳塔尔

数据来源：GaWC，2016

粤港澳城市群与世界级湾区城市群的比较 表1-2

城市群名称	面积(km²)	人口(万)	GDP(亿美元)	核心	面积占比	人口占比	人口(万)	GDP占比
东京湾城市群(2015年)	3.68万	6500	2.3万	东京	2.20%	19.20%	7590	33%
纽约城市群(2014年)	13.8万	5000	1.3万	纽约	0.60%	13.20%	8746	67.30%
旧金山城市群(2014年)	1.8万	700	0.63万	旧金山	3.20%	12.10%	4100	65.10%
伦敦城市群(2013年)	4.5万	3650	1万	伦敦	3.50%	24.70%	5535	55.40%
粤港澳城市群(2015年)	5.6万	8600	1.3万	广州	4.10%	15.80%	2623	20%

在湾区城市群内，广州及周边城市的区位受到巨大的挑战。自深圳—香港地铁通车和粤港澳大桥建设后，奠定了深圳衔接港澳的交通枢纽地位。这种交通格局的改变带给广州传统经济腹地不断被袭夺的压力。深圳、珠海等更趋于将港澳作为发展联系的主要方向，广州的传统区域经济腹地将逐渐缩小。不仅如此，更多的城市很有可能会在同港澳的协作中实现经济实力的不断赶超，使得广州及其周边城市在保持现有区域地位的问题上面临更为严峻的形势。在大湾区的空间组织重构中，广佛同城共建世界级湾区城市群核心区可以巩固和完善广州作为内地首位城市的地位，扩大其辐射影响范围，进而进一步增强其对内地湾区城市群和整个广东省的带动效应。顺德则是广佛同核的几何中心和对接前沿。从世界级湾区城市群发展来看（表1-3），当中必然有一个或几个城市为工业主导。顺德则可担负其粤港澳大湾区城市群内部工业主导城市的责任。

主要城市的定位比较 表1-3

城市群	城市名称	城市定位
伦敦城市群	伦敦	国际交通枢纽中心，欧洲金融首都，世界三大金融中心之一，世界创意产业和新知识中心
	利物浦	欧洲文化之都，世界著名的音乐城、文化城、体育城，英国最佳旅游城市
	曼彻斯特	充满活力的国际大都市，英国工业革命发源地，英国重要的现代制造业基地之一
纽约城市群	纽约	世界金融贸易中心，世界机遇之都，美国东北沿海城市群中心城市，世界最大和最有影响力的城市，美国的神经中枢和经济心脏
	波士顿	全球最重要的科技产业城市，美国主要的高科技创新中心

城市群	城市名称	城市定位
纽约城市群	费城	费城是美国第四大城市和宾州最大的工业中心
	华盛顿	美国的政治中心，美国的文化、教育中心之一
日本环太平洋城市群	东京	国际化大都市，日本太平洋沿岸城市群的中心城市，日本政治、文化、经济中心
	大阪	著名古都，大阪府首府，日本经济副中心和交通中心，阪神工业地带的核心
	名古屋	著名古都，日本主要工业中心和港口城市，日本东西交通枢纽，充满活力的宜居城市
	京都	世界历史文化名城，日本最大的纺织工业中心和纺织品集散地，日本宗教和文化中心
其他	慕尼黑	德国经济、文化、科技和交通中心之一，生物工程学、软件及服务业的中心，德国第二大金融中心
	斯图加特	欧洲汽车制造与研发总部、制造业中小企业创新基地
	科隆	世界历史文化名城，德国西部莱茵河畔名城和重工业城市，水陆交通枢纽和重要的河港
	洛杉矶	美国石油化工、海洋、航天工业和电子业的最大基地，美国西部工业中心，科技之城，仅次于纽约的金融中心
	多伦多	世界级城市，无限之都，全球旅游及商业目的地，加拿大的经济、商业、金融和文化中心
	蒙特利尔	加拿大的金融、商业中心，国际化大都市，艺术之都
	新加坡	世界级电子中心、全球综合性化工产业中心、世界级运输中心、全球贸易中心、全球物流集聚中心和国际海事中心

资料来源：主要来源于维基百科

（二）制造业强国战略目标全面实施

1. 工业 4.0 时代已提前到来

世界银行预测，全球人口在 2030 年以后进入增长拐点，社会结构发生重大变化，城市化、老龄化趋势不可逆转。并认为 2050 年人类文明将从工业文明阶段进入生态文明阶段，同时全球经济将经历工业 4.0，从而导致全球经济模式发生重大变化，文化、科技、生态在国家和城市竞争中的权重因素日益提高。掌握核心竞争力的城市必然在竞争中异军突起。然而工业 4.0 已经悄然提前到来（图 1-4）。

全球范围内新兴产业发展进入加速成长期，自 2012 年开始发达国家纷纷推行"再工业化""制造业再造"战略。各国加紧在新兴科技领域前瞻布局，抢占未来科技和产业发展的制高点。这不仅是对多年实行产业服务化和金融化的重大调整，也是试图改变"产业空洞化"的长期战略。这使得正在走出去的顺德产业

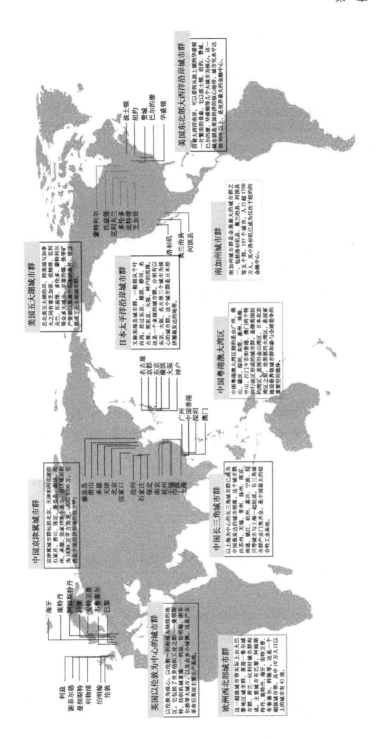

图 1-3 世界六大城市群和中国三大城市群

注：课题组自绘

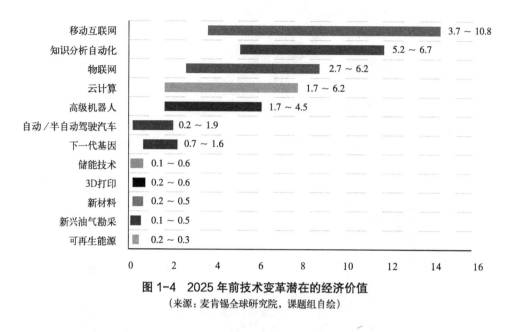

图 1-4　2025 年前技术变革潜在的经济价值

(来源：麦肯锡全球研究院，课题组自绘)

与企业，尤其是制造业既面临难得的机遇，也伴随严峻的挑战，会给产业转型升级带来深刻的影响。

制造业产品海外贸易摩擦逐渐增多，技术门槛提高，创新受到挑战。发达国家人力资本较高，产品成本必然提高，与顺德的传统优势制造业无法抗衡，必然产生贸易摩擦，其利用反倾销条款对出口制造商品进行调查，影响出口贸易，为顺德传统依赖劳动密集型的优势制造业的发展带来挑战。发达国家提高其产品的技术含量，不仅使得顺德出口商品的技术门槛提高，更直接使未完成升级的本土创新受到极大挑战。

高端制造业地域转移受到延缓，产业自主创新压力增大。区域间产业转移是经济和要素发展的必然结果，顺德区部分高端产业的发展依靠的是外国技术的引进与"再消化"，而制造业回流与技术封锁将使得顺德高端产业向内地转移的速度减缓，增加了自主创新的压力和难度，高端产业的延缓必定导致本地低端产业转移和淘汰速度受到影响，整个产业结构的升级调整将受到影响。

世界各国应对工业 4.0 时代的战略布局

2012 年 2 月，美国发布《先进制造业国家战略计划》，正式将促进先进制造业发展提升为国家战略。截至 2015 年 6 月，美国已先后成立了 5 家制造业创新研究所。2011 年前后，欧盟主要成员国也相继发布了本国的"再工业化"战略，如英国颁布了《强劲、可持续和平衡增长之路》报告，确定了航空、建筑等 11 个行业作为关键发展领域；德国在"工业 4.0"之前，早在 2010 年 7 月就发布了"高技术战略 2020"，将气候、能源等 10 个项目列为全力支持发展的计划等。

2. 我国通过《中国制造 2025》抢占产业竞争制高点

国务院于 2015 年发布我国实施制造强国战略第一个十年的行动纲领——《中国制造 2025》，提出到 2025 年，制造业整体素质大幅提升，创新能力显著增强。目前发达国家的一些技术和产品对中国实行严格限制、出口禁运，实施《中国制造 2025》就是要加快推进中国工业转型升级，满足市场需要，通过"三步走"实现制造强国的战略目标。此次《中国制造 2025》瞄准的是德国的工业 4.0 和其他欧美国家的制造业发展计划，抓住新一轮科技革命和产业变革重要发展趋势，抢占未来产业竞争制高点。同年，国家制造强国建设战略咨询委员会正式发布《〈中国制造 2025〉重点领域技术路线图（2015 版）》，明确了新一代信息技术产业等十大领域以及 23 个重点发展方向。

在这背后，土地支撑必不可少。而如今的情况是工业发达的东南沿海城市普遍面临土地资源的匮乏的局面，导致工业用地不足，大企业大项目选址困难。一方面，生态用地的严格保护、耕地的严格管理以及城市开发边界的限定，使整体建设用地总量受到严格的控制；另一方面房地产业的繁荣发展又占据了城市中大量区位和开发条件好的土地资源，工业用地不断受到来自建设用地趋紧的压力和房地产用地的挤占，这也导致工业土地价格一路升高。大量以制造业为主的东南沿海发达城市的工业用地被挤占或改为其他用途，必将影响国家实体经济和先进制造业的发展，蚕食产业发展空间，最终会使这些城市走向产业"空心化"。为此，顺德提出了产业用地保护的管理政策，保证工业用地的需要和总量控制，从而保证制造业的产业发展空间。

3. 习总书记对顺德制造业的殷切期望

习近平总书记在 2012 年 12 月，考察位于顺德北滘的广东工业设计城，留下了"希望下次再来时，这里有 8000 名设计师"的寄语。2015 年，设计城已从最初只有6家企业,50名设计师发展扩张成164家企业进驻,入园设计师达2500人,成为广东和全国工业设计的高地。

《中国制造2025》核心内容

目标:2050年前进入世界制造强国前列。

"三步走"实现制造强国的战略目标:第一步,到2025年迈入制造强国行列;第二步,到2035年我国制造业整体达到世界制造强国阵营中等水平;第三步,到新中国成立100年时,我国制造业大国地位更加巩固,综合实力进入世界制造强国前列。

十大重点领域:新一代信息技术产业、高档数控机床和机器人、航空航天装备、海洋工程装备及高技术船舶、先进轨道交通装备、节能与新能源汽车、电力装备、农机装备、新材料、生物医药及高性能医疗器械等。

顺德最早感受到制造业转型的压力,把"顺德制造"发展为顺德设计 + 制造,通过工业设计向产业"微笑曲线"两端高附加值环节延伸。工业增长方式从劳动力和物质要素总量投入驱动主导转向了知识和技能等创新要素驱动主导。换言之,从劳动力和土地资源投入转向依靠创意、人才投入。为此,顺德应不断推进制造业,率先迈进制造强区竞争行列,争当制造强国建设的主力军和排头兵。

北滘·中国设计日

2014年12月9日中国设计日在广东工业设计城正式确立。2016年12月顺德区发布《顺德区进一步促进工业设计发展工作方案(征求意见稿)》,提出到2017年顺德实现8000名设计师集聚广东工业设计城及设计核心区的目标;到

2018 年，建成 1 个工业设计核心区，拥有 1～2 家国家级工业设计中心，打造 5 个"伙伴计划"示范项目，提供创新设计服务超 20000 项，拉动工业产值超 400 亿元，实现工业设计和制造业深度融合。

（三）工业是供给侧结构性改革主战场

中央财经领导小组第十一次会议上，习近平总书记首次提及供给侧结构性改革。之后，总书记多次在不同的场合，围绕"供给侧结构性改革"提出，供给侧结构性改革主攻方向是减少无效供给，扩大有效供给，提高供给结构对需求结构的适应性。推进供给侧结构性改革，要从生产端入手，重点是促进产能过剩有效化解，促进产业优化重组。

2016 年中央经济工作会议指出，"推进供给侧结构性改革，工业是主战场"和"工业规模巨大，环境约束增强"。在经济下行和环境约束的双重压力下，各方面指标显示工业运行风险概率在提高。工业是立国之本，工业是供给侧结构性改革的主战场，是服务国家制造强国战略、建设具有全球影响力的科技创新中心的主力军之一。从生产端入手，重点是促进产能过剩有效化解，促进产业优化重组，降低企业成本，提高供给结构对需求变化的适应性和灵活性。

2015 年起，全国工业运行呈现出增速加快下行、结构明显分化的特征。顺德也无例外，2014～2016 年，顺德规模以上的制造业企业数量在下降，数量分别是：1709 个、1671 个和 1528 个，分别减少了 38 个和 143 个。一方面是制造业的结构性调整，一方面也体现出经济形势的窘迫使得"十三五"时期实质性推进工业供给侧结构性改革变得更加急迫和必要（表 1-4）。

2014～2016年顺德区规模以上工业企业数量　　　　　　　表1-4

年份	2014 年	2015 年	2016 年
规模以上工业数	1709 个	1671 个	1528 个

资料来源：顺德区发展规划和统计局

工业发展越是面临困难，越要加强转型升级力度，要把顺德以工业为代表的产业发展真正转到创新驱动发展上来。推进供给侧结构性改革，是创新驱动发展和经济转型升级的关键。

工业是供给侧结构性改革的主战场，是顺德服务粤港澳大湾区和国家制造强

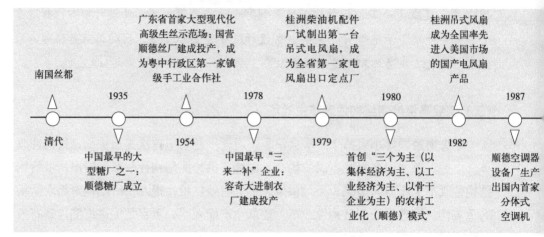

图 1-5　顺德敢为人先的首创精神代表事件（1）

国战略、建设具有全球影响力的制造业创新中心的主力军。工业领域的供给侧结构性改革是化解资源、环境瓶颈的需要。顺德应争当全国工业供给侧结构性改革的先行者和排头兵，使工业规模和比重保持在合理区间，工业供给结构显著优化，工业供给质量和效益明显提升，工业供给动力和活力更大释放。

经济发展离不开土地供给侧的支持。以产业保护区的划定与制度实施作为着力点，是启动土地要素和产业投入要素供给侧改革，带动更大范围的产业供给侧改革的有效措施。划定产业保护红线，保障工业用地需求，控制线内确保用地性质为工业用地，不得以任何名目改变土地工业用地性质，以真正地实现存量工业用地资源的合理化配置。

二、责任：顺德模式的重塑转型

（一）敢为人先的改革骄子

在历史激流选择中，顺德屡担先锋、道器俱变（道即现有的制度体系，器即工具和具体技术革命）。在顺德，人文环境和精神对于地方和区域发展有着至关重要的基础性作用。顺德的产业发展表面上看是由于交通区域、技术优势、资源禀赋等物质层面带动，而实际上，起根本作用的是制度、文化、信仰等。顺德人"先行先试""敢为人先"的首创精神，在面临发展困境之时不断创新改革谋发展，成就了顺德产业的辉煌（图 1-5）。

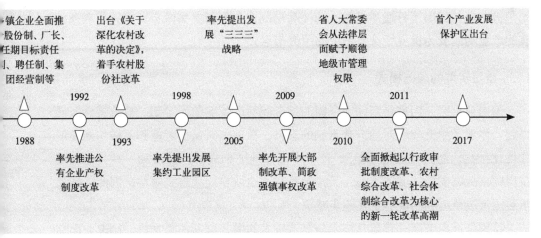

图 1-5 顺德敢为人先的首创精神代表事件（2）

在当代，顺德敢担风险，义无反顾地开展了众多改革探索，许多首创制度成为国家的典范，并得到推广。首创"三个为主"（以集体经济为主、以工业经济为主、以骨干企业为主）的农村工业化（顺德）模式，为全国各地加速农村工业化提供了样板；首开公有企业产权制度改革先河，2009 年全国区县级的首个"大部制"改革正式出台。今又推出产业保护区规划，始终站在制度改革最前线。

（二）务实创新的产业先驱

在过去，依靠敢为人先的进取精神，历史上一批批从内地来到顺德的移民，通过修筑堤围，开垦荒地，把一片片不毛之地变成良田沃土，闯出了"桑基鱼塘"的生态农业耕作模式，开创了民间资本兴办中国民族资本主义机器缫丝工业的先河。

顺德依靠区域技术创新成为不遑多让的产业先驱（图 1-5）。1954 年广东省首家大型现代化高级生丝示范厂——国营顺德丝厂建成投产，成立粤中行政区第一家镇级手工业生产合作社。1978 年，中国最早开办的"三来一补"企业——容奇大进制衣厂建成投产。1979 年，桂洲柴油机配件厂试制出第一台吊式电风扇成为全省第一家电风扇出口定点厂。1982 年，桂洲吊式风扇成为全国率先进入美国市场的国产电风扇产品。1987 年，顺德空调器设备厂生产出国内首家生产分体式空调机。2014 年，发布广东省内首份"机器代人"计划。顺德始终站在引领区域乃至全国科技创新发展的主战场。在粤港澳大湾区城市群建设中，顺德积极响应并提出了打造粤港澳大湾区高端制造业创新龙头城市，将凭借自身独有的产业功能成为世界级城市群中的关键节点。

（三）重塑转型的顺德模式

国内自贸区、国家级新区、全国的综合配套改革实验区等新一轮政策性区域兴起，体现了中央政府对地方普惠制的思路。目前国家层面考虑到区域均衡发展和优化结构，避免"洼地效益"，使得中西部地区如成都、武汉和一些其他继续获得国家战略支持的城市上海、天津等及其周边城市地区得到裨益。因此，顺德承袭国家改革红利的优势正在逐步减弱。

特别是近年来新一代信息技术与制造技术的融合创新不断加快，制造业面临着宏观环境复杂、市场竞争加剧、资源约束趋紧等挑战，以内源型经济为主的顺德经济发展腾挪空间较小，传统产业转型难度较大。以上因素相互交织，加大了转变经济发展方式、调整产业结构的难度。顺德民营企业以制造业为主，中小企业占90%以上，主要分布在传统制造业；且规模以上工业中民营企业增加值占比也在50%以上。尽管龙头企业有所引领，但全区企业整体缺乏核心技术和自主品牌，盈利空间下降、经营风险上升。

顺德内源型经济的发展模式，"成也萧何败也萧何"，顺德经济外向性不足和企业创新的持续能力不强的劣势同样也是根源于顺德内源型经济发展模式。规模偏小、目光不够长远等导致的外向性不足、创新能力不够等问题是顺德土生土长的社队企业、乡镇企业和私营企业先天的不足，使得顺德经济从一开始与其他城市相比就具有开放性不够的缺陷，并且面临着增长动力单一的局面，这是顺德产业转型的掣肘和重点突破处，顺德迫切需要打破对传统产业和传统发展模式的路径依赖，加快谋划和布局战略性新兴产业，推动产业结构的调整和升级，培育新的经济增长点。传统制造企业迫切需要培养和创造新的优势，重塑和巩固市场竞争力。面向股份社和工业用地制度的"顺德模式"的重塑转型和改革不可避免。

三、举措：产业发展保护区的划定

（一）解析产业发展保护区

1. 相关规定中的解释

党的十八届三中全会通过的《中共中央关于全面深化改革若干重大问题的决

定》指出,加快生态文明建设,划定生产、生活、生态空间开发管制界限,成为最早针对生产空间开发边界的指示性文件。《广东省"三规合一"工作指南》(2015)也提出,三规合一应建立控制线体系,划定生态控制线、基本农田控制线、城市增长边界控制线和产业区块控制线等。但划线后更应注重的是对控制线内的用地管理。

2016年3月《顺德区国民经济和社会发展第十三个五年规划纲要》中,提出了:"加强产业用地的控制和保护,保障产业用地供给,引导产业转型升级,支持产业有序持续发展"。

由此,顺德区出台了《佛山市顺德区产业发展保护区管理办法》(以下简称管理办法),提出:产业发展保护区(以下简称产业保护区,或产保区),是指为保障顺德区工业用地和新产业用地的总体规模,依照一定程序划定的一定时期内需要严格控制和保护的区域。保护区内原则上严格控制新增开发经营性房地产。

《关于支持新产业新业态发展促进大众创业万众创新用地的意见》

(国土资规〔2015〕5号)

明确新产业、新业态用地类型。国家支持发展的新产业、新业态建设项目,属于产品加工制造、高端装备修理的项目,可按工业用途落实用地;属于研发设计、勘察、检验检测、技术推广、环境评估与监测的项目,可按科教用途落实用地;属于水资源循环利用与节水、新能源发电运营维护、环境保护及污染治理中的排水、供电及污水、废物收集、贮存、利用、处理以及通信设施的项目,可按公用设施用途落实用地;属于下一代信息网络产业(通信设施除外)、新型信息技术服务、电子商务服务等经营服务项目,可按商服用途落实用地。新业态项目土地用途不明确的,可经县级以上城乡规划部门会同国土资源等相关部门论证,在现有国家城市用地分类的基础上制定地方标准予以明确,向社会公开后实施。

管理办法解释产业用地是指工业用地和新产业用地的统称。其中新产业用地是指现代服务业、孵化创意产业、文化创意、科技产业、创意设计、电子商务、健康服务、教育医疗、旅游及其他符合《关于支持新产业新业态发展促进大众创业万众创新用地的意见》(国土资规〔2015〕5号)有关规定的新产业、新业态用地类型。

2. 本次产保区规划含义

本次规划产业发展保护区是指，在一定时期内，为了保障顺德区产业长远发展而划定的集中连片的工业用地总规模控制底线。

顺德工业用地增长情况（km²） 表1-5

	1995 年	2000 年	2005 年	2010 年	2017 年
工业用地规模	17.57	35.60	77.26	122.15	140.82

本次划定的工业用地基础数据包含两个部分：

（1）2017 年已建成的现状工业用地为 140.82km²（表 1-5）。此数据是在国土部门提供的 2015 年现状工业用地基础上，通过 2017 年顺德区 0.8m 高清遥感影像数据解译所有的已建设的现状工业用地，并对已建的现状工业用地和 2015 年现状工业用地进行对比后，实地摸查用地性质和边界取得。

（2）统筹考虑规划确定的工业用地，则顺德区工业用地总面积为 161.33 km²（表 1-6）。纳入的规划包括已批复的顺德区城市总体规划和已批复的控制性详细规划进行叠合，叠合后凡是工业用地部分，均作为规划工业用地纳入。

顺德区工业用地构成（2017） 表1-6

	已批已建	已批未建	未批已建	未批未建	总计
面积（km²）	45.57	5.76	95.25	14.75	161.33
占比	28.25%	3.57%	59.04%	9.14%	100%

备注：根据顺德区国土部门提供的宗地数据包含已批和未批用地，根据 2017 年遥感影像解译已建，与城乡规划确定的未建部分，两者进行叠加分析，得出四类用地。其中，城乡规划只是已批复的顺德区总体规划和已批复的控规叠合后的工业用地地块。

（二）本次规划的工作流程

1. 数据处理

本次规划以 2017 年 3 月分辨率为 0.8m 的高分二号遥感卫星数据影像为数据基础。在 2015 年现状工业用地数据库基础上，通过遥感影像解译现状工业用地，并分辨出疑似新增的工业用地，并对新增和现状工业用地进行了连续 2 个月的用地普查，逐一确定用地性质、用地边界和用地现状，并拍照入库。

同时，将 2015 年数据库中，非现状建成的、非城乡规划确定的、非经审批的空地进行剔除。由于此类空地没有任何依据，因此不作为本次规划的现有工业用地。

2. 实地调研

实地调研分为用地普查组 12 人和实地调研组 7 人。自 2017 年 5 月 31 日起连续调研至 7 月 26 日结束。

（1）用地普查组

用地普查组利用汽车与自行车相结合的出行工具，采用街道、镇逐个普查的方法。利用 GPS 专业仪器及普查软件开展普查工作，进行实地经纬度采集和多媒体照片采集，并及时处理当天采集回来的数据，保证数据的准确性。

针对相对于 2015 年工业现状疑似新增及未建地块进行实地普查，外业工作于 2017 年 6 月 12 日 ~ 7 月 14 日（每周工作 6 天），完成 10 个乡镇 1800 余个地块实地普查，采集多媒体照片 6000 余张。同时，抽样采集部分企业坐标点，用于经纬度校正。

（2）深度访谈组

深度访谈组负责与区各局办、镇街、村居、企业进行座谈、走访调研。

2017 年 5 月 31 日下午 ~ 6 月 2 日下午，分别对顺德区城市更新发展中心、发展规划和统计局（规划）、国土城建和水利局、经济和科技促进局、发展规划和统计局（发改）进行了访谈（每半天访谈一个部门）。2017 年 6 月 5 日 ~ 6 月 9 日，对顺德十个镇街进行了访谈（每半天访谈一个镇街）。在访谈区各局办、各镇街访谈的过程中，同时进行了相关的资料、数据收集。

2017 年 6 月 12 日 ~ 6 月 14 日，根据在镇街访谈的情况，对区各相关部门（国土、环保等）进行补充调研。

2017 年 6 月 15 日 ~ 7 月 20 日，对顺德区 204 个村中的 110 个村及 200 余家进行实地走访，主要包含以下三种形式：①对村两委及股份社进行访谈；②在村两委工作人员带领下对本村的工业区进行走访；③深入村级工业园 2 ~ 3 家企业进行访谈。

2017 年 7 月 21 ~ 7 月 26 日，根据对村居调研时产生的新问题，对一些股份社社长、理事及区农业局、佛山市规划局进行补充调研。两个小组总共调研为 75 个工作日，按人头计算为 653 个工作日。

第二章　产业的历史发展与崭新使命

一、历史：辉煌的产业发展历程

（一）以农促工构筑顺德工业基础

改革开放前，顺德一直是广东省经济作物生产基地之一，独特的"桑基鱼塘"的农业生态模式是农产品商业经济的典范，其带来了顺德近代缫丝行业的发展，并为改革开放后的工业化奠定了历史基础。根据《顺德县志》记载，早在鸦片战争以前"桑基鱼塘"模式就已经遍布全县，顺德也成为广东主要的蚕丝产区。到20世纪30年代，由于西方世界爆发经济危机，加上美国人造丝的竞争，顺德的蚕丝业逐渐衰落。而这一时期，以新加坡、中国香港为代表的南洋地区的经济正在崛起，为了获得更好的发展机会，很多顺德人选择到南洋打工、经商。而这些出去打工、经商的人群及后代中，出现了李兆基、郑裕彤、翁佑等知名企业家，这些企业家大都选择了回乡投资，在改革开放的初期为顺德的经济发展提供了宝贵的创业资金。与此同时，社队组织也开始了从事工业企业的历史，开启了顺德近代工业化进程，成为顺德经济发展的起点，并催生了以后的乡镇企业的萌芽。依赖原有社队企业的基础，农村集体组织大力发展乡镇企业，成为顺德经济崛起的主导力量。这种社队组织在发达的农业生产的基础上从事工业企业生产、发展集体经济的模式，其是顺德区别于珠三角其他城市的重要特征。

（二）放权发展村镇经济格局显现

改革开放前的大队经济完全附属于公社经济，队级财政基本受公社级财政支配。经济体制改革后，中央加大了对地方政府的权为下放进程，以此激励地方政府发展经济并不断进行制度创新。与此同时，顺德也开始了权力分散的过程，一直深入到最基层，构建了"市-镇-村"分权体系。"市-镇-村"分权体制下，村办工业和镇办工业成了早期顺德发展的主要动力。然而，由于不同的企业投资主体（镇、村、私人所有者）间的利益关系，及在当时乡镇企业用地管理制度下，企业通过选择不同空间范围内的用地以减小办厂成本等多因素共同作用下，镇办企业、村办企业在全市范围内各自选址，分散分布。

1984年，乡镇企业正式出现在国家文件。而实际上，早在农业家庭联产承包责任制改革的过程中，顺德由于生产力的极大解放，更多的农民从农业中解脱出来。但是由于国家工作分配制度和户籍制度的锁定，被解放双手的农民无法到城市谋得一份职业，这一情况反而极大地促进了顺德乡镇企业的发展。"进场不进城、离土不离乡"的就地城镇化模式广泛发展。到 1985 年，顺德全县工业企业增加到 5195 个，工业总产值 33.87 亿元，和 1978 年相比，分别增长 2.1 倍和 3.2 倍，其中，国有企业 45 个，产值为 6.2 亿元，占全县工业总产值的 18.3%；乡镇（包括县属集体，下同）企业 5046 个，产值 27.19 亿元，占 80.2%。乡镇企业在顺德工业比重早已超过"半壁江山"。顺德出现了村、镇两级工业区齐头并进发展的格局，镇办企业、村办企业在全市范围分散分布，同时激励着众多模式创新。

（三）产镇融合促进特色工业集群

从 20 世纪 90 年代末至 21 世纪初以来，顺德大型乡镇企业的发展不仅给周边区域内其他中小企业的发展提供了契机，形成了乡镇企业与小城镇发展的良性互动，同时也通过镇域之间产业上下游联系和协作关系加强了不同街镇之间的联系，形成了以相关主导产业为核心的产业一体化区域，带来了产镇融合发展。

一方面，顺德各个镇街的产业发展都有自己的特色，逐步形成了"一镇一品，一镇一业"的局面，大部分镇街形成了一定规模的产业集群。其发展不同的特色产业，实施专业镇建设，全区已经形成了合理的工业布局。

另一方面，在镇域范围内镇域主导工业企业为了追求外部范围经济，将很大一部分生产过程对外分包，大部分中小型企业均成为本镇主导企业配套生产的分包工厂，全镇企业因此而围绕少数主导企业形成某几种工业产品的生产综合体。在主导企业与中小企业间存在生产垂直或水平联系的同时，小企业之间也较多地存在着生产的水平联系，整个镇域就是一个以主导工业企业为核心的复杂产业区，并不断地促进着城镇的发展。顺德也逐步形成了最终产品、中间产品、原料销售为一体的产业一体化区域，产业链条稳定、周边配套完善，各企业之间相互联系，产业协作关系明显。特别是家电和家具行业已经形成了较为完整的产业链条，上下游形成了经济互动，集群优势明显的发展格局（图 2-1）。

（四）创新智能制造格局业已形成

近年来，顺德区坚持向创新要动力、以创新添活力、靠创新增潜力，全市创新能力实现质的提升。在新技术和产业革命蓄势待发的环境下，顺德在选择发展道路上站在了全国的前列，提出把"互联网＋智能制造"作为产业转型升级的主攻方向。2016 年，顺德 GDP 已经达到 2793.2 亿元，就经济总量而言，今天

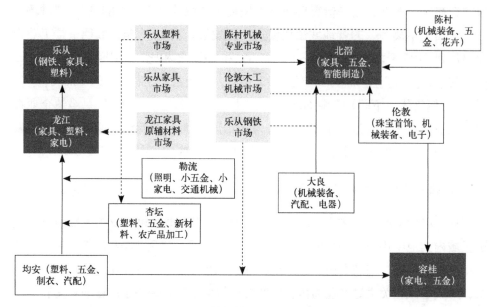

图 2-1　顺德各镇街产业联系示意图

1 个顺德已经相当于过去 266 个顺德。"十二五"时期，全区坚持发展为第一要务，继续保持稳定增长，整体呈现稳中有进的发展态势（图 2-2）。2012 ~ 2015年连续四年居中国市辖区综合实力百强首位，成为中国全面小康十大示范县市之一。同时产业结构进一步优化合理，截至 2016 年，第二产业增加值 1597.71 亿元，增长 7.7%；全年全部工业完成增加值 1542.81 亿元，比上年增长 7.8%。其中，规模以上工业企业完成工业增加值 1509.16 亿元，增长 7.9%（图 2-3）。

近五年，顺德工业增速保持在 8% 左右，已经形成了家用电器、机械装备、电子信息、纺织服装、精细化工、包装印刷、家具制造、医药保健、汽车配件等支柱行业。

新时期顺德积极引进和培育战略性新兴产业，确定新型电子信息、新能源、新材料、环保装备、生命医药、物联网等作为战略性新兴产业发展方向，成为全国首个也是唯一的国家级装备工业两化融合暨智能制造试点。截至"十二五"期末，全区研究与发展经费支出占地区生产总值比重达到 3%，处于全省领先地位，科技进步对经济增长贡献率已经超过了 60%，每百万人口年发明专利授权量 220件，连续 20 年位居全国县域前列。

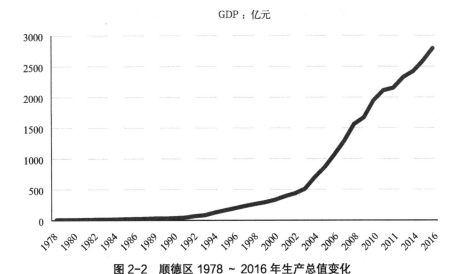

图 2-2 顺德区 1978 ~ 2016 年生产总值变化

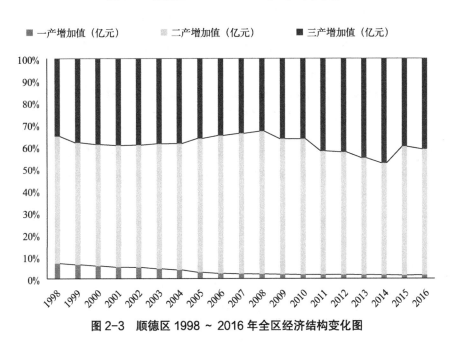

图 2-3 顺德区 1998 ~ 2016 年全区经济结构变化图

二、空间：工业园区的发展特点

（一）总体工业用地空间变化

自 20 世纪 90 年代以来，顺德的工业用地增长迅速。根据 1995、2000、2005、

2010 及 2017 年 5 个时段的遥感数据解译，顺德的各时期已建成的工业用地总量由 1995 年的 17.57km² 增加到 2017 年的 140.82km²（图 2-4、表 2-1）。

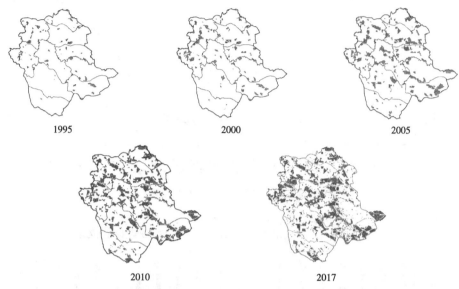

图 2-4　1995～2017 年顺德区工业用地扩张变化
数据来源：各时段高分遥感影像解译

从历年工业用地规模的绝对增量来看（图 2-5、图 2-6），2005～2010 年是规模增长最多的时期，增量为 44.88km²；2000～2005 年的规模增长次之，增量为 41.67km²。自 2010 年起顺德工业用地紧张，增量降低，7 年以来增量为 18.48 km²，代表自 2010 年以来，顺德的工业用地已经接近饱和。

顺德工业用地增长情况				表2-1	
年份	1995 年	2000 年	2005 年	2010 年	2017 年
已建工业用地规模（km²）	17.57	35.59	77.26	122.14	140.82

数据来源：遥感影像解译

（二）镇级工业用地空间变化

1. 改革开放早期：多点簇状发展，骨干企业偏好镇级工业用地

当时的顺德县政府确定了"以工业为主、以集体经济为主、以骨干企业为主"的发展战略。在产业空间的扩展方面，由于存在着两种发展工业的力量以及多个

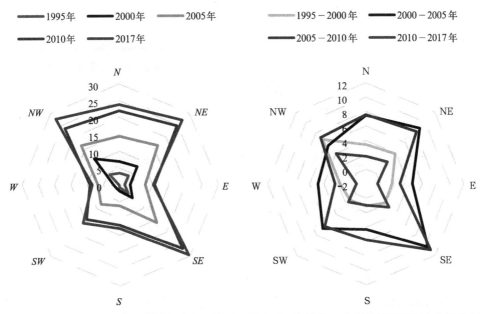

图 2-5 各年份工业用地总量扩展方向雷达图 图 2-6 各阶段工业用地增量扩展方向雷达图

工业发展的主体，顺德出现了村、镇两级工业区齐头并进发展的格局。由于经济利益的分配、土地使用制度上的差异，镇办企业和村办企业都倾向于在各自范围内布局。大型骨干企业由于对基础设施、生活配套环境的要求更高，倾向于在镇区范围内布局，随着企业生产规模的扩大，镇区范围不断扩大。而小型企业为了减少租用土地、厂房方面的成本倾向于在村级工业区布局。

2. 20 世纪 80 年代中期：围绕"马路经济"，实现多点圈层式扩张

香港与珠江三角洲的"前店后厂"模式正式形成。顺德在乡镇企业取得长足进展的基础上，逐步形成"两家一花"的产业体系，不但实现了初级工业化，城市性质也从一个传统的农业县发展成为新兴工业城市，企业也从小型、分散向大型、集团化转变。但这一时期政府没有雄厚的资金和财力、能力进行大规模的基础设施投资建设，市场自发依靠对外道路，发挥"马路经济"的灵活性优势，开始低成本的沿路贸易市场、工业生产点的布局，呈现出"多点圈层式蔓延"，并孕育了沿道路向外轴向扩展的趋势，成为未来顺德空间形态的主导因素。

3. 20 世纪 90 年代初期：轴向延伸与圈层扩展并重，大企业主导镇级产业集群空间形成

受宏观调控及外部环境影响，顺德内生的传统经济发展模式暴露出新情况和

27

新问题。为此，顺德推进了以产权制度为核心的综合改革，力争在深层次上解决体制存在的问题与缺陷。在空间上，随着美的等大企业的规模越做越大，其占地面积也逐渐向周边地区不断扩展，很多镇街的建成区面积的扩展实际上就是产业殖拓，特别是大型企业在空间上向镇区周边和村不断蔓延的结果。大企业规模扩张带动了周边地区上下游配套、服务企业的发展，这些企业为了降低成本主要围绕在大型企业周围集中布局，形成所谓的"工业集群体系"。随着这些产业集群的不断发展壮大及成熟，顺德原来分散的产业布局在一定程度上得到了集中，产业用地的效益得到了一定的提高。同时，这一时期，政府职能也逐步转化到基础设施建设、社会管理和提供公共服务，并开始引导工业入园。

4. 2000 年至今：镇街分隔式蔓延格局依旧，镇级工业用地谋求扩张引进"新兴产业"

进入新世纪以来，顺德家电产业的发展逐渐成熟，开始形成家电为主，高新技术产业以及传统的家具、机械、塑料、服装等产业多元发展的格局，各镇街的主导产业也有了一定的调整。同时，由于土地资源日趋紧张，政府开始引导工业企业向工业园区集中，启动兴建了较大型的顺德科技工业园区，此外，各镇街也形成了 10 个镇级工业园区。在交易市场方面，开始改变原有沿路蔓延的"十里长街"式交易市场，向集中的"点""片"发展。尽管如此，由于空间发展方面的历史路径依赖，镇街之间仍然呈现"背对背"式的发展现象，过去累积下来的建设空间蔓延格局依旧十分突出，而新兴产业的引进，以及规模化集约工业园等项目的建设发展，正不断推进半建成区和建成区的密实化发展。

（三）村级工业用地空间变化

1. 早期村级工业园规模小、粗放发展，但扮演着重要的"三级供货商"角色

由于早期企业对厂房要求低，因此顺德村级工业区中的大部分厂房，以结构简单的旧厂房为主。它们用地不够规范，用地水平、用地效益都较低。据统计，20 世纪 90 年代村级工业园大部分企业占地只有 2 ~ 5 亩，规模小、产值低。但是这些村级工业园中的许多企业是大企业零配件的重要供货商，对完善地方生产网络具有重要意义。

2. 集约工业区概念提出，推动分散的村级工业园重新布局

1998 年，顺德初步提出发展集约工业园区的设想。2000 年提出集中建设市、镇两级集约型工业区，实行工业用地集中连片开发。规划建设 17 个集约型工业

区，规划用地面积 104km^2。对各村开发建设的小型、分散的工业区和工业用地重新进行布局和功能调整，严格限制发展，并逐步向集约性工业园区迁移。2002年在 1998 年提出的集约方案基础上进行了完善。提出今后工业区开发必须由镇一级按照规划，连片开发、集约建设，且只允许设置 1～2 个集约工业区，并在规模上给出了限定，开发面积不少于 2000 亩；需进行"五通一平"（即通路、通电、通信、通水、通污、平整土地）配套工程，并规划建设有必要的环境保护设施以及市政公共设施、生活配套设施；设立相应的管理服务机构，统一开展土地开发、环境建设、招商引资等工作，为区内企业开办的经营提供无偿服务。

3.多管齐下，促进零星村级工业园聚集发展

2001 年顺德取消村级分散建设的工业留用地指标，停止审批零星分散的非集约工业区的农用地转用，以保证土地的集约使用。2006 年顺德区提出，控制和整合现有低效工业用地。严格控制村级工业用地规模，调整完善村级工业用地布局。2007 年"三旧"改造发源地在顺德，至 2017 年十余年来顺德的"三旧"改造永不停步。顺德针对村级工业园进行旧厂房改造，将其改造成功能配套完善的现代化工业，以实现土地集约利用以及产业集聚，达到提高土地利用率的效果。

三、制度：顺德模式的三次突围

在顺德经济和产业的发展历史上，经历过两次对顺德经济重要的转型发展的制度创新，这两次制度创新对于顺德经济突破重围、在面临发展困境之时不断创新改革谋发展，发挥了决定性作用。期待顺德以本次规划和实施作为起点，成为撬动新一轮改革发展的动力。

(一) 第一次突围（1978 年）：三来一补＋三个为主

在 1978 年十一届三中全会之前半年，顺德冒险创造"三来一补"，建起了全国第一个"三来一补"企业，大进制衣厂，撬动了中国改革开放的起始点，同时也开启了顺德县域经济长达 15 年的第一次大发展期，实现"两家一花（家电、家具、花卉）"产业集聚。与此同时，中央分权体制改革释放了工业发展的活力。作为先行者，顺德逐步形成市–镇–村的分权体系，并建立了以镇为导向的财政分配体制。

在此背景下，1980 年代，顺德确立了"集体经济为主、工业经济为主和骨

干企业为主"三个为主的经济发展战略，在原有县属国有企业和社队企业的薄弱基础上，采用负债经营的方式"借鸡生蛋"，开始工业化。让顺德形成了村、镇两级工业区起头并进的发展格局。全市各个镇、村利用集资等方式开始了工业区、工业村建设，小则一间厂房几百平方米，大则上万平方米。顺德"村村点火、户户冒烟"的格局形成。截止 1991 年全县共有工业企业 6187 家，工业总产值106.62 亿元。形成了家用电器、金属制品、机械、纺织、塑料制品、服装、家具、食品等 20 多个行业为主体的现代工业体系，成为全国著名的轻工业品生产基地，家用电器和燃气用具的生产规模居全国之冠。

（二）第二次突围（1992 年）：企业产权制度改革＋股份社建立

随着企业规模的壮大，1990 年代初，顺德经济发展过程中出现的"产权不明、责权不清、政企不分、管理不善"等问题日渐成为政府与企业的共同困扰。"企业负盈，银行负贷，政府负债"的模式令顺德的乡镇企业存在着突出的矛盾，即经营机制与国有企业同化、产权资本凝固化、公有产权再分化、企业利润溶化四个方面。村办工厂里"引进"的外国淘汰"先进"机器已开始在真正先进的生产线面前露怯；集体经济为主的企业内部激励机制开始疲软；发展乡镇企业时期广泛吸纳各地资金却使顺德企业和政府都负债不轻。借着小平同志南巡讲话的重要思想，1993 年顺德启动了企业产权制度改革，政府适时从竞争性行业中退出，使民营经济快速发展起来。

几乎在同时，1993 年顺德率先在全国开展以土地经营权流转为核心的制度改革，并将此称为"顺德模式"。即以村为单位组建股份合作社，对人口多、规模大的村以自然村为单位进行组建。经过改革，顺德原有的 2192 个经济社合并组建成 261 个股份合作社。农村土地股份合作制作为一种新的土地制度经营方式既能够推动农村的工业化进程，又能确保农民分享土地级差收益，这一制度备受村集体和农民青睐，提高了土地的规模化利用，提升了土地的利用效率。再次释放了顺德的经济发展活力。

（三）第三次突围（2017 年）：崭新的一揽子改革发展

受到 1998 年住房市场商品化改革发展的影响，自 2000 年以来，顺德由于临近广州周边，也成为房地产市场的青睐之地。这一轮房地产热潮不仅波及居住用地，更是影响了工业用地及其上的产业发展。导致大量的本土及企业家在原来产业生命周期即将结束之时，不再考虑制造业如何升级、技术如何升级，而是转向将自己的工业用地和厂房租给新的企业家，成为"二房东"，将工业用地也作为房地产用地进行经营，工业用地被蚕食。而原有的以乡镇企业、村级园区为主的工业用地模式也成为工业发展的桎梏。破碎化的管理模式、过度分权和分散的用地，使居民受到环境和安全的双重困扰，也使得优质大企业难以落地。面对这一轮经济转型升级，顺德迫切需要对打破对传统产业和传统发展模式的路径依赖，寻求新的突破口。

为了加强产业用地的控制和保护，保障产业用地供给，引导产业转型升级，支持产业有序持续发展，特制订产业保护区规划，依照一定程序划定一定时期内需要严格控制和保护的区域，保护区内原则上严格控制新增开发经营性房地产。同时，面对股份社制度固化推动村民与村社利益深度绑定，导致既得利益格局难以打破的局面（图2-7），有必要对股份社制度进行新一轮的深化改革，期待为第三次突围正式拉开帷幕。

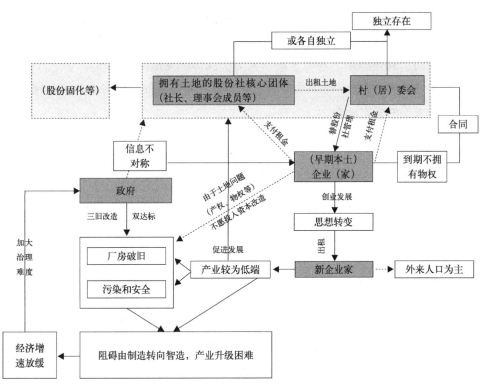

图2-7 产业转型升级困难的根源解析

四、新使命：十九大赋予的新要求

顺德在每次面临发展困境之时都会不断创新改革谋发展，此举成就了如今顺德经济的辉煌。一系列正式制度安排的改革创新，行动者的观念和态度在制度变迁中起着更为关键的作用。顺德通过一次次的改革，积累了丰富的制度财富和城市治理经验，构筑了顺德本地共享的规则、惯例、对待改革开放的制度氛围，进而成为区域的制度厚实（institutional thickness）。随着改革开放的深入和经济的不断发展，顺德人的思想观念又逐步注入了新的内容。在过去，顺德区委区政府提出了"开放引领、创新驱动"的新战略和发展主线。并以顺德区开放引领创新驱动三年行动计划为抓手，于 2016 年 6 月公布《顺德区开放引领创新驱动三年行动计划》。

十九大提出了：不忘初心，牢记使命，高举中国特色社会主义伟大旗帜，决胜全面建成小康社会，夺取新时代中国特色社会主义伟大胜利，为实现中华民族伟大复兴的中国梦不懈奋斗。并有针对性提出了"以供给侧结构性改革为主线，推动经济发展质量变革、效率变革、动力变革，提高全要素生产率，着力加快建设实体经济、科技创新、现代金融、人力资源协同发展的产业体系"。在十九大的全文中，共有 68 处出现了"改革"两个字，代表了以习总书记为核心的党中央对改革发展的坚定决心。

顺德作为改革的先驱，积极地响应了党的号召和要求，以更坚定的信念、更大的气魄、更有力的措施、更快的行动全面推进和促进顺德产业发展模式的转变。产业发展的深入落实，使战略实施掷地有声地促进了产业的两个转变。一是顺德产业发展模式的转变：由村域经济主导模式逐步走向镇域与区域经济主导模式。村域经济长期以来作为顺德经济的基本单元，是农村工业化建设的重要载体。这种经济增长模式是以低产出、低效益为前提的，与市场经济和现代工业的要求不相适应，需要对该模式进行创新。由村域经济为主导的模式需要逐步走向以镇域经济与区域经济为主导的模式，既可以保证基层单位的经济活力，又保证了政府适度的宏观调控能力。转变村域经济发展模式的主要途径是放开各个村的行政壁垒，通过产业保护区规划在镇一级的层面上进行集中。二是顺德空间组织利用模式的转变：由空间碎片化逐步走向相对连片集中。村域经济为主导的经济增长模式在空间上的后果就是出现大量"半城半乡"低效使用的农村土地，布局零散，空间碎片化。建设用地沿交通运输网络、河流延伸，工业用地与农村居民点和农田混杂布局，导致城市、城镇、村庄界限不清，难以辨认。非农建设用地数量大幅增加且布局分散，非农建设用地呈现利用粗放、土地产出水平低下等特点。其既不利于农业规模化经营，也不适于工业扩大生产。开展土地适度集中、连片集约经营的创新与探索势在必行。产业保护区的战略宗旨将成为提高农村产业化经营水平和优化土地资源配置的有效方式。顺德以实施三个集中为路径，以产业、人口、土地集约化推动经济增长方式的转变通过适当集中促进土地集约化利用，使经济社会发展资源得到合理配置。

第三章　紧迫的用地现状与问题根源

一、特征：空间呈现碎片化分布

（一）用地总量巨大，用地潜力紧张

1. 现状工业用地总量及占比较高

自改革开放近 40 年以来，顺德工业区已初步形成了布局基本合理、类型比较齐全、功能相对完善的体系（图 3-1、图 3-2）。目前，顺德各级工业园区共 266 个，其中国家级 1 个，省级 1 个，镇级 15 个，村级 249 个。已建成的现状工业用地总规模为 140.82 平方公里，占 2016 年顺德建设用地面积（422.021km²）的 33.37%；如果将已批未建（已经批出去的土地但未投入建设）的工业用地纳入，则工业用地占比为 34.74%。作为以工业立区的顺德工业用地占比高于其他城市。

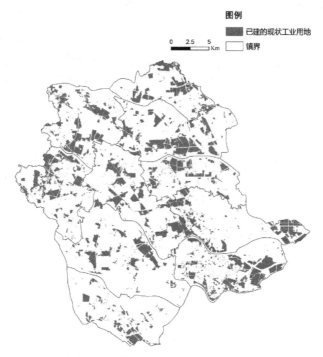

图 3-1　顺德区现状工业用地的分布

从分镇街现状工业用地规模来看（表），北滘＞容桂＞勒流＞乐从＞龙江＞大良＞杏坛＞陈村＞伦教＞均安（表 3-1）。

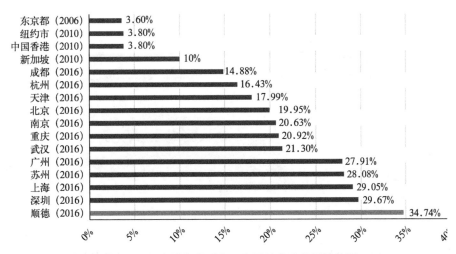

图 3-2　国内外部分城市工业用地占建设用地比重

数据来源：① 顺德区现状工业用地：以顺德区国土部门提供的 2015 年工业用地现状地块为基础，根据 2017 年高分二号遥感影像（分辨率为 0.8m）解译已建成的工业用地，并对比 2015 年现状地块疑似新增的工业用地区域。通过现场调研，确认已建成工业用地；确定新增工业用地的边界和用地性质，由此得出顺德区现状工业用地总规模 140.82 平方公里。② 其他城市现状工业用地占比：来自《中国城市统计年鉴》、部分学术论文

2017年各镇街现状工业用地规模（km²）　　　　表3-1

镇街	大良	容桂	伦教	勒流	北滘	龙江	杏坛	陈村	乐从	均安	合计
总计	14.11	18.8	9.53	16.75	20.04	14.92	13.45	10.13	15.46	7.63	140.82
占比	10.02%	13.35%	6.77%	11.89%	14.23%	10.60%	9.55%	7.19%	10.98%	5.42%	100.00%

2. 可用工业用地零星分布，用地潜力紧张

根据顺德区国土部门的宗地数据，可分辨出已批和未批的工业用地；根据遥感解译和课题组现场调查确认，可分辨出已建和未建的工业用地。综合考虑规划部门已批复城市总体规划和已批复控规中的工业用地和规划为未批未建的工业用地，可知：

在 2017 年工业用地总规模中，有城乡规划中确定的未批未建的用地面积 14.18km²，也有工业园区中的未批未建用地 3.41km²，两者有重叠部分，因此未批未建的用地总量为 14.75km²，占全区总工业用地总量的 9.14%，但都是零星、分散分布，因此可用的工业用地紧张。

因本次规划未将其他用地性质不明确的空地纳入工业用地总量，因此不代表无其他非城乡规划确定的空地可用（图 3-3、图 3-4）。

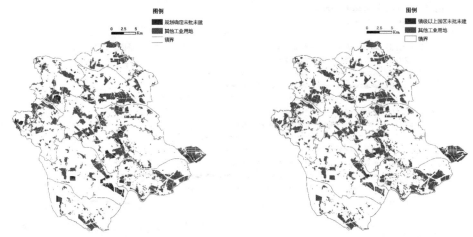

图 3-3　城乡规划确定的未批未建工业用地　　　图 3-4　工业园区内的未批未建工业用地

(二)村级园区为主,环境有待提升

1.村级工业用地比重过半

顺德区作为工业化、城镇化的发达地区,工业化发展仍旧以村级工业用地、集体用地为主,沿袭了原有的乡镇企业为主、集体经济为主的顺德模式。结合本次调研成果中展现的 140.82km^2 的现状工业用地总规模,镇级以上已建的现状工业用地面积为 62.45km^2,占比为 44.35%,村级现状工业用地面积为 78.37km^2,占比 55.65%(图 3-5、图 3-6)。

2.分镇街园区等级分布情况

村级工业用地绝对面积大的镇街为:杏坛(10.12 km^2)、勒流(10.18km^2)、乐从(9.62km^2)、龙江(9.69 km^2)、容桂(8.43km^2)。村级工业用地绝对面积较小的镇街有伦教(4.64 km^2)、均安(5.11km^2)、陈村(5.99 km^2)、大良(6.09km^2)。

村级工业用地比重高的镇街为:杏坛(75.24%)、均安(66.97%)、龙江(64.95%)、乐从(62.23%)、勒流(60.78%)、陈村(59.13%),占比均超过50%;比重较低的镇街有北滘(42.47%)、大良(43.16%)、容桂(44.84%)、伦教(48.69%)。

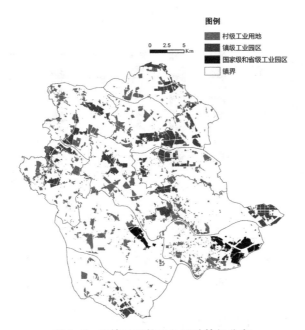

图例
村级工业用地
镇级工业园区
国家级和省级工业园区
镇界

0　2.5　5
Km

图 3-5　顺德区现状工业用地等级分布

数据来源：顺德区城市更新中心《顺德区各类开发区名称与用地范围（dwg 文件）》与本次规划调研工业用地数据库成果。

顺德区分街镇工业园区等级　　　　　　　　　　　　　表3-2

镇街	国家、省级工业区面积（km²）	镇级工业区面积(km²)	村级工业用地面积（km²）	总计（km²）
大良	0	8.02	6.09	14.11
容桂	10.37	0	8.43	18.8
伦教	0	4.89	4.64	9.53
勒流	0	6.57	10.18	16.75
北滘	0	11.53	8.51	20.04
龙江	0	5.23	9.69	14.92
杏坛	3.33	0	10.12	13.45
陈村	0	4.14	5.99	10.13
乐从	0	5.84	9.62	15.46
均安	0	2.52	5.11	7.63
总计	13.70	48.75	78.37	140.82

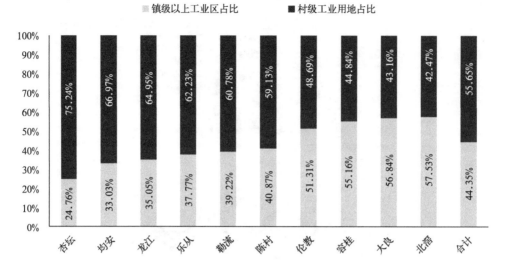

图 3-6　顺德区村级工业园区及镇级以上工业园区比重

3. 生产生活空间相互混杂，环境质量有待提升

顺德区的每个镇都是工业镇，工业用地空间分布分散化程度高。甚至众多居民或村民的住宅一层出租为厂房，二三层为居住，导致工业空间和居住生活空间相互交杂，环境堪忧（图 3-7 ～图 3-9）。

此外，村级工业用地上存在大量的 20 世纪 80 ～ 90 年代建造的老旧厂房，有些已经破败或闲置或废弃，不仅影响周边环境质量，而且会导致工业用地浪费。

图 3-7　生产生活空间隔街相望，或一层生产二层生活

图 3-8　老旧工业厂房

图3-9 闲置或废弃的工业厂房

(三) 用地效益较低,企业效益极化

1. 用地产出效益有待提升

2016 年, 顺德区完成工业增加值为 1597.71 亿元, 产值按照已建的现状工业用地 140.82km² 计算, 地均工业增加值约 11.4 亿元 /km²(约 66 万元 / 亩), 2016 年工业产值为 7368.37 亿元, 地均工业产值为 52.4 亿元 / km²(约 786.2 万元 / 亩), 与深圳相比有一定的距离。顺德本身以制造业为主, 制造业相比高新技术产业本身就有占地面积较大的特点 (表3-3)。

深圳市各区工业地均产出效益　　　　　　　　　　　表3-3

地区	工业用地面积 (km²)	工业增加值 (万元)	地均工业增加值 (亿元 /km²)
福田	2.99	1802802	60.29
罗湖	1.46	618489	42.36
南山	16.81	19201409	114.23
盐田	0.82	589775	71.92
宝安	104.73	25305839	24.16
龙岗	104.73	19911530	19.01
深圳平均	274.15	70004300	25.54

宝安区:包括新宝安区、光明新区、龙华新区。
龙岗区:包括新龙岗区、坪山新区、大鹏新区。
数据来源:2016年深圳统计年鉴

2. 企业产出效益:"大企业顶天立地,小企业铺天盖地"

在企业效益上,根据顺德区工商部门提供的注册企业数据,2016 年顺德区工业企业共 39247 个。其中规模以上工业企业数为 1528 个(表3-4)。这其中前 10 名的工业企业完成累计工业总产值总计 2384.14 亿元,贡献了规模以上企业总产值的 55.6%,并占 2016 年工业总产值的 32.49%;排名前 20 名的工业企完成工业总产值总计 2659.78 亿元，贡献了规模以上企业总产值的 62.56%，并占 2016 年顺德规模以上工业总产值的近 40%，企业产值呈现出明显的长尾效应（图 3-10）。

顺德区规模以上工业企业简况   表3-4

年份	工业企业数（个）	规模以上工业企业总产值（亿元）
2014 年	1709	4847.38
2015 年	1671	3879.06
2016 年	1528	4291.86

规模以上工业企业总产值（千元）

图 3-10　规模以上工业企业产值分布图

（四）建设密度较大，建筑高度较低

1. 总体开发建设强度

根据国土资源部发布的《国家级开发区土地集约利用评价情况通报（2016年度）》数据，2016 年度国家级开发区综合容积率为 0.91，建筑密度 0.31，工业用地综合容积率 0.87。虽然仅是开发区，但可以此作为参考。

根据遥感影像解译和实地调查，顺德区现状工业用地（140.82km²）的建筑基底面积共计 85.98km²，工业用地平均容积率为 0.66，平均建筑密度为 0.61，平均建筑高度为 6.37m。属于典型的低层高、高密度模式，也从侧面反映工业用地环境不佳。

建筑密度与高度的关系

在一般情况下，平均建筑高度和层数愈高，建筑密度愈低。依据曾经的《城市规划定额指标暂行规定》，通常新建居住区的居住建筑密度是：4层12m左右的楼区一般可按26%左右，5层15m左右楼区一般可按23%左右，6层20m左右的楼区不高于20%。顺德区政府对工业用地的要求是由高密度、低层高向低密度、高层高发展。

2. 工业用地建筑密度与高度

从工业用地的建筑密度来看，大多数用地的密度分布在0.7以上，面积为59.58km²，顺德区建筑密度非常大。建筑密度0.5以下的工业用地面积为46.24km²，事实上0.5建筑密度的也很多。0.5 ~ 0.7之间的为35km²。

从工业用地的建筑高度来看，49.4%的工业建筑高度为5m以下。其次为5 ~ 10m，占比为38.45%，高于10m和15m的工业建筑比例较小，均低于10%（表3-5，表3-6，图3-11，图3-12）。

顺德区现状工业用地建筑密度分布　　表3-5

密度	<0.5	0.5 ~ 0.7	>0.7	总计
面积（km²）	46.24	35	59.58	140.82
占比	32.84%	24.85%	42.31%	100%

备注：
①建筑密度：建筑基底面积/本地块工业用地面积。
②建筑基底面积：2017年遥感卫星影像人工提取工业用地中所有相关建筑物基底轮廓得出。
③建筑高度：2017年遥感卫星图像人工解译建筑阴影长度，通过太阳和卫星关系解译评估得出

顺德区现状工业用地建筑高度分布　　表3-6

高度	<5m	5 ~ 10m	10 ~ 15m	>15m	总计
面积（km²）	69.57	54.14	13.05	4.16	140.82
占比（%）	49.40%	38.45%	9.27%	2.95%	100%

3. 工业用地容积率

依照顺德实际情况，低于5m的工业建筑物总用地面积为69.57km²，占已建工业用地面积的49.4%。而根据相关国家标准，8m作为工业建筑物的容积率计算，不大于8m的按照单层建筑面积计算容积率，大于8m的按照双倍，16m的为三倍

计算，以此类推。本次规划也以 8m 一层作为标准进行建筑总面积的计算（表 3-7）。

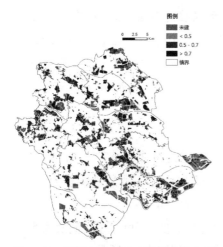

图 3-11 现状工业用地建筑密度分布图

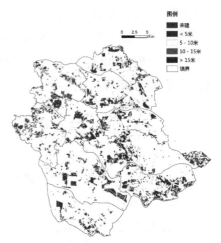

图 3-12 现状工业用地建筑高度分布图

已建工业用地分镇街建筑密度与高度　　　　　　表3-7

	工业面积（已建）	建筑基底面积（km²）	建筑密度		建筑高度（m）	
			密度	排名	高度	排名
北滘	20.04	11.74	0.59	8	6.03	6
陈村	10.13	6.24	0.62	5	6.29	4
大良	14.11	7.01	0.50	10	6.69	3
均安	7.63	3.98	0.52	9	6.01	7
乐从	15.45	10.19	0.66	2	8.30	1
勒流	16.75	11.33	0.68	1	5.44	8
龙江	14.92	9.92	0.66	3	7.60	2
伦教	9.54	6.02	0.63	4	5.29	10
容桂	18.79	11.24	0.60	7	6.17	5
杏坛	13.45	8.30	0.62	5	5.34	9
合计/平均	140.82	85.98	0.61	——	6.37	——

备注：
① 建筑基底面积：2017 年遥感卫星影像人工提取工业用地中所有相关建筑物基底轮廓得出。
② 建筑高度：2017 年遥感卫星影像人工解译建筑物阴影长度，通过太阳和卫星关系解译评估得出。
③ 建筑密度：建筑基底面积 / 本地块工业用地面积。

工业建筑物容积率计算的国家标准

① 根据国土资源部《工业项目建设用地控制指标》国土资发 [2008]24 号，工业建筑物层高超过 8m 的，在计算容积率时该层建筑面积加倍计算，意味着容积率是 2 倍。

②根据住房和城乡建设部《化工企业总图运输设计规范》GB 50489——2009，当建筑物层高超过 8 米，在计算容积率时该层建筑面积加倍计算。

③ 在住房和城乡建设部颁布的《建筑工程建筑面积计算规范》GB/T 50353——2005 中，对住宅、商业、办公建筑的容积率计算，也分别在 4.9m、5.5m 和 6.1m 时按照双倍容积率计算。

因此，容积率不仅仅是建筑面积 / 用地面积，其与层高也有极大的关系。

根据以上容积率计算方法，以 8m 为一层计算总建筑面积（建筑基底面积 × 建筑层数），则顺德区的工业用地容积率为 0.66。

如以 8m 为一层计算总建筑面积的话，容积率较高的镇为乐从和龙江。分别为 0.78 和 0.77；较低的为大良和均安，分别为 0.54 和 0.56；其他镇街的容积率在 0.6 ~ 0.7 之间（表 3-8）。

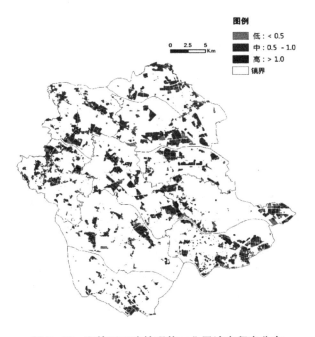

图 3-13 顺德区已建的现状工业用地容积率分布

顺德区分镇街现状工业用地建筑层数与容积率　　　　表3-8

	以5m一层计算			以8m一层计算			容积率分级
	建筑面积（km²)	平均层数	容积率	建筑面积（km²)	平均层数	容积率	
北滘	14.66	1.25	0.73	12.12	1.03	0.60	中
陈村	8.43	1.35	0.83	6.73	1.08	0.66	中
大良	10.02	1.43	0.71	7.64	1.09	0.54	低
均安	5.15	1.30	0.68	4.23	1.06	0.56	低
乐从	17.37	1.70	1.12	12.12	1.19	0.78	高
勒流	13.35	1.18	0.80	11.52	1.02	0.69	中
龙江	15.08	1.52	1.01	11.49	1.16	0.77	高
伦教	7.04	1.17	0.74	6.09	1.01	0.64	中
容桂	15.42	1.37	0.82	12.44	1.11	0.66	中
杏坛	9.79	1.18	0.73	8.72	1.05	0.65	中
合计	116.31	1.35	0.83	93.09	1.08	0.66	中

备注：

① 建筑层数：分别以5m和8m为平均层高估算出的单体建筑物层数。建筑高度由遥感阴影解译得出。

② 总建筑面积：建筑基底面积乘以层数得到总建筑面积。

③ 平均层数：地块总建筑面积除以总建筑基底面积。

④ 容积率：建筑基底面积占该地块面积的比例。

⑤ 容积率分级：以8m一层作为依据，低为小于0.6，中为0.6～0.7，高为0.7及以上

（五）利益矛盾多样，改造实施困难

顺德区改造实施困难主体是村集体工业用地，目前矛盾重重。

（1）企业迁移与股民分红之间的矛盾。股民依靠企业所缴纳的土地租金每年领取分红，如果这些企业被整治清退，那么势必会减少租金，同时也将减少股民的分红。如果企业被指引迁移入园，企业与股民利益将会产生矛盾。

（2）资本来源与用地权属之间的矛盾。如在现有村级工业园的基础上提升、改造，则资本来源就成了问题。首先，早期本土企业（家），因为土地（产权、物权、续期等）问题并没有改造动力。其次，无论是国有资本征地的方式、还是社会资本的引入，都会与农民的价值观和对土地的期望值产生强烈的碰撞。由于地价、房价的不断攀升，农民对土地价格的期望越来越高。但用地权属复杂，导致资本难以协调各个利益主体而退出改造更新，如顺德糖厂改造中，美的集团就有意退出，见补充文字。

美的集团因权属问题有意向退出合作

顺德糖厂片区涉及多达 79 个业主，在沟通协调统一规划过程中，出现了诸多障碍。当时，美的方有很大的决心，带了几十人的考察团。美的公司已委托华工设计院开展编制《顺德糖厂改造更新项目概念规划》，已于 2016 年 12 月出具初稿。相关人士透露，由于权属问题，美的方有意向退出合作。

（3）快速行动与租期未到的矛盾。政府已经非常清晰地意识到了目前阻碍顺德发展的核心问题，即整合空间、治理村级工业园、提高土地利用效率等，加上环保风暴和三旧改造等宏观政策的推动，采取了快速行动进行治理，说明政府也已经感觉到了危机。早期本土企业（家）的租期未到（有少部分已到期，根据政府的管理制度，采用每 3 年一租的形式），对于 30 年租期的来说，多数还剩 10 年左右，对于 50 年租期的来说，多数还剩 20 ~ 30 年。如果政府想在租期内对村级工业园进行治理的话，不可避免地会出现多方利益平衡的问题。

二、困境：工业用地的问题根源

（一）自下而上的市场化与分权化

广东省是我国改革开放最早的地区，经过 90 年代的市场化，简政放权，"放管服"等工作，将政府事权范围限制在非常小的范围内。相比较江浙地区，基层市场化力量强大，政府干预较少，形成了一贯的传统。基层经济发展结成了以村集体、股份社等宗族、地缘关系为主的利益群体。彼此之间相互熟悉，对社区的认同感和归属感较强，并且还有村集体经济股份作为纽带，形成了强大的地缘关系 + 经济关系的民间基层权力。这种分散化的权力与市场化、经济发展相互推动，早期促进并激发了工业经济发展活力，后期则因利益固化较难实现升级改造。

（二）工业发展模式的路径依赖

美国著名经济学家诺思在《制度、制度变迁和经济绩效》中指出，路径依赖就是在一种模式、制度或者运行机制一旦走上某一条路径，它的既定方向就会在往后的发展中得到自我强化。分权体制下以镇街甚至村为主体、自下而上的分散式工业发展模式为顺德早期的发展和腾飞提供了初始动力，并因为第一代改革者和企业家的精神，脱离了原有国营企业和计划经济时代"等、要、靠"的思想，极大地解放和促进了基层和个人的积极性。这种内源型经济的发展模式，使其发展呈现出良好的稳定性，这是顺德区别于其他地区并且在历史进程中不断取得巨大发展成就的主要因素。

但"成也萧何败也萧何"，在市场上各种所有制类型企业竞争不断加剧、技术进步、国际化道路带来的企业开放性增强过程中，乡镇企业的相对优势逐渐减弱。产权模糊、缺乏技术力量和现代管理手段，固有的农民意识、家族企业和乡镇企业文化，以及企业规模偏小、目光不够长远、个人能力决定企业经营等导致了企业的外向性不强、持续能力不足、创新性不足，也成为顺德土生土长的社队企业、乡镇企业和私营民营企业先天劣势。使得顺德经济从一开始与其他城市相比就具有开放性不够、增长动力单一的缺陷。与其他由国家级、省级工业园在地方工业经济中扮演的辐射带动作用相比，顺德分散式、基层化的工业发展也使得顺德走上集约、高效、规模效应的工业园区带动发展之路难上加难。成为顺德产业转型的掣肘和重点突破处。

（三）法律法规滞后于实践活动

从国土的相关法律制度来讲，土地部门成立在 1987 年《土地管理法》颁布实施之后，与乡镇企业发起和建设几乎同步。按照《土地管理法》的规定，不论是否需要征收土地，凡是进行建设占用农用地，都应当首先办理农用地转用审批手续。现行的《土地管理法》从 2004 年修订后，乡镇的土地管理所也于此后开始建立，并完善了乡村土地的管理。但 90 年代审批登记的用地资料并未完全入库，导致目前众多建厂出租的集体土地没有登记，政府对这部分工业用地难以管理。

从城乡规划法律法规来讲，在 2008 年以前非城市规划区范围的土地上进行建设，仅适用于 1993 年颁布的《村庄和集镇规划建设管理条例》，其中规定乡镇企业需经县政府建设行政主管部门同意并办理"选址意见书"，由于"意见书"不是强制的行政许可，绝大部分地区并未实施。即使是在 2008 年《城乡规划法》颁布实施之后，在乡村庄规划区范围内的建设活动需取得乡村建设规划许可证，但是多数地区并未实施。由于此规划许可是在规划区范围内，大量的规划区范围外地区或还未做乡村庄规划的地区成为城乡规划的"法外之地"。

法不溯及既往。顺德自 20 世纪 80 年中后期开始，地区的快速发展，催生了巨大的用地、用房需求。大多数集体经济组织出于招商、创收等考虑，与村外个人或企业签订用地协议，使用年限 20 ~ 30 年甚至更久，成了事实上的"以租代售"，后期逐步出现大量的"弹性"合同，即规定房租每 3 ~ 5 年调整一次。土地实际使用人在取得"土地使用权"之后，多数未经合法报建手续就建起了各类建筑。这些违法建筑不但数量众多，而且承载着大量的产业。

截止到 1995 年已经有 17.57 平方公里的工业用地，2005 年工业用地为 77.26 平方公里（根据遥感解译图像，见专题 2）。这些都属于由于法律法规滞后于实践而产生的历史遗留建设。在各镇街未批已建的工业用地中占据相当大的比重。若要对如此规模的历史遗留建设和所谓的"违法建筑"尽数拆除，不但阻力重重，还会对当地经济的发展以及大量本地和外来人口的生计造成负面影响，需充分考虑、谨慎制订整治行动计划。

第四章　既有的用地规划与现实需求

一、规划规模：多规合一的视角

（一）总规确定的工业用地规模

城乡规划主要以已经批复的顺德城市总体规划及控制性详细规划为准。根据《顺德城市总体规划（2009～2020)》确定到2020年，工业用地为62.24km²，即9.34万亩（图4-1、图4-2）。

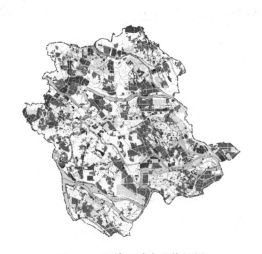

图4-1 顺德区城市总体规划   图4-2 总规中工业用地分布

（二）控规确定的工业用地规模

根据由顺德城市更新发展中心提供的已批复的控规数据进行拼合，控规确定的工业用地为68.21km²，即10.23万亩（图4-3、图4-4）。

对顺德区控规和总规进行拼合，工业用地规划总面积为99.6km²，即14.94万亩（表4-1、图4-5）。

各镇街规划工业用地分布   表4-1

分镇	大良	容桂	伦教	勒流	北滘
面积（km²）	11.20	12.95	6.35	11.94	23.25
分镇	陈村	龙江	乐从	杏坛	均安
面积（km²）	5.15	6.60	4.60	12.93	4.67

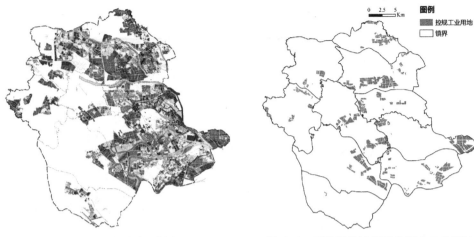

图 4-3　已批复的控规拼合图　　　图 4-4　已批复的控规拼合图中工业用地

图 4-5　总规与控规拼合后的工业用地

（三）土地利用总体规划的管控

根据由顺德区国土部门提供的《顺德北部都市发展功能片区土地利用总
体规划（2010～2020年）》《顺德东部都市发展功能片区土地利用总体规划
（2010～2020年）》和《顺德西南部城乡协调发展功能片区土地利用总体规划
（2010～2010年）》的规划拼合与城乡规划确定的工业用地进行校对（图4-6）：

（1）规划工业用地在国土禁建区内的为0；

（2）规划工业用地在永久基本农田保护区内的有：北滘 0.36km²，即540亩。

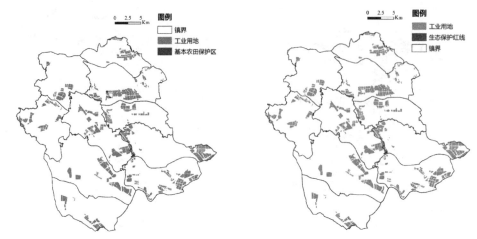

图 4-6　规划工业用地与基本农田保护区冲突图　　4-7　规划工业用地生态保护红线冲突

（四）生态保护规划的红线管控

根据由顺德区环保部门《顺德生态控制线分级》《顺德生态控制线分类》两个 DWG 文件，与城乡规划确定的规划工业用地进行校对，规划工业用地在生态保护红线内的有：伦教、陈村、北滘、乐从、龙江，共 0.059km²，88.8 亩（表 4-2，图 4-7）。

规划工业用地与生态保护红线校核　　　　　　　　　　　　表4-2

保护单元类别	面积	
	单位：m²	单位：亩
河流保护区	5546.7	8.3
河涌恢复区	43818.8	65.7
基塘保护区	3374.9	5.1
林地保育区	2472.9	3.7
饮用水源保护区	4012.8	6.0
总计	59226.1	88.8

二、需求预测：工业用地规模需求

本节具体计算方法详见专题 3《顺德区工业用地规模需求预测》。

（一）传统模型方法

1. 工业经济发展需求方法

根据顺德工业发展现状，和顺德"十三五"国民经济和社会发展纲要中提出的目标，GDP 增速达到 7.5% 以上，假定保持这个增速预测出 2020、2030、2040 年顺德工业的发展目标，并结合单位工业用地产出效率的变化预测分析工业用地规模。因此，设定两个情境：

根据不同情境进行的经济预测 表4-3

年份	乐观工业增加值	保守工业增加值
2020	2098.98	2089.26
2030	4326.06	4305.93
2040	8510.01	8082.83

根据本次产保区规划梳理顺德工业用地面积为 21.12 万亩，即 140.82km²，按照 2016 年工业增加值 1542.81 亿元计算，则 2016 年单位面积工业用地增加值为 10.96 亿元/km²（按 11 亿元/km² 计算）。按照单位面积工业用地增加值每年 0.8 亿元/km² 效率的提升至 2020 年，1.5 亿元/km² 效率提升至 2040 年，可预测出对应年的工业用地效率：

顺德工业用地单位产出效率预测 表4-4

年份	2016	2020	2030	2040
单位面积工业用地增加值（亿元/km²）	11	14.2	39.2	54.2

由此推算出乐观经济情境且用地效率递增的预测、保守经济情境且用地效率递增预测两张种不同情境下顺德工业用地规模：

顺德工业用地单位产出效率预测 表4-5

年份	2020	2030	2040
乐观经济情境且用地效率递增的预测（万亩）	22.16	26.05	25.50
保守经济情境且用地效率递增预测（万亩）	22.07	25.88	22.71

2. 人均工业用地规模方法

先用线性趋势外推法进行常住人口预测，再根据人均工业用地用量，来测算得到 2020、2030、2040 年的工业用地规模（表 4-6）。

按照国标人均工业用地 10 ～ 25m² 进行计算得到顺德区预测时年工业用地面积。从表格结果来看，整体用地面积偏小，与实际不符。按 2016 年全市常住人口 254.47 万和现状工业用地总面积为 140.82km² 计算，则顺德人均工业用地面积为 55 平方米，假定因工业用地效率提高，每年下降到 0.5m²，则会超过国标，按照这个标准计算得到的结果与实际较为相符。

按国际人均工业用地标准10-25平方米预测结果　　　　　表4-6

年份	常住人口（人）	按人均工业用地（10平方米预测）（万亩）	按人均工业用地（25平方米预测）（万亩）
2020	2607822	3.9	9.7
2030	2763085	4.1	10.4
2040	2918349	4.4	10.9

按顺德实际人均工业用地标准预测结果　　　　　表4-7

年份	常住人口（人）	按人均工业用地 55 平方米预测（亩）	按人均工业用地需求下降趋势计算
2020	2607822	22.29	20.7
2030	2763085	23.62	19.89
2040	2918349	24.95	16.63

3. 用地总量规模平衡方法

根据《佛山市顺德区总体规划修编（2009 ～ 2020)》文本中"规划近期城乡建设用地总规模约 372km²，规划远期即 2020 年城乡建设用地总规模约 396 平方公里"。实际上在 2016 年底，顺德建设用地已经达到 422.021km²。按照《2016 年顺德区国有土地增加供地计划》，增加 183 公顷的工矿建设用地，大概为 1.8km²。2016 年 422 公顷现状建设用地为基期，从 2016 至 2030 年每年建设用地增量假定为 1.5km²；2031 至 2040 年每年建设用地增量假定为 1km²。可预测 2030 年建设用地为 437km²，2040 年为 447km²。按照工业用地占建设用地比重一般为 15 ～ 30%，上限标准 30% 计算得到（表 4-8）：

按照30%的工业用地比重测算　　　　表4-8

年份	2020	2030	2040
建设用地（km²）	428	443	453
按照30%的工业用地占比计算（km²）	128.4	132.9	135.9
预测工业用地（万亩）	19.26	19.94	20.39

（二）连片理论方法

顺德区产业保护区划定的核心是工业建设的"连片集中"，提高规划整治后的单位工业用地效益，整体提升顺德经济发展质量。假设产保区规划整治后由于空间连片带来的工业用地规模效益增幅为20%，即获得120%的连片性规模效益。根据用地总量规模平衡法测算出的工业用地需求量最小，以其为基准，可视为两者用地面积比为1∶1.2，按照2020、2030、2040年的乐观经济情境，测算得到（表4-9）：

按照连片性需求方法工业用地需求预测小结　　　　表4-9

年份	2020	2030	2040
工业用地需求量（万亩）	18.58	19.68	20.79

（三）规模预测结论

工业用地总规模预测结论显示，在规划期2016～2030年，工业用地需求为19.68～26.05万亩不等，产保区若划定为18万亩，则保护了90%以上的工业用地区域。即使按照实际现状工业用地21.12万亩计算，也保护了85%以上的工业用地区域（表4-10）。

按照不同方法工业用地需求预测小结　　　　表4-10

预测方法	工业用地需求量（万亩）		
	2020年	2030年	2040年
经济需求预测法（乐观且用地效率递增情境）	22.16	26.05	25.50
人均用地法（人均工业用地55 m²）	22.29	23.62	24.95
人均用地法（因效率提高人均需求逐年下降1m²）	20.7	19.89	16.63
用地总量平衡法（工业用地占比30%）	19.26	19.94	20.39
空间连片性预测方法	18.58	19.68	20.79

第五章　产业发展保护区的划定依据与方案

一、基础分析：划定方案的基础性分析

（一）区政府发展目标

对产业发展保护区的划定工作，顺德区政府具有明确的目标导向，主要体现在三个文件当中：

目标一：保障产业发展空间。2016年3月《顺德区国民经济和社会发展第十三个五年规划纲要》中，最早提出了："加强产业用地的控制和保护，保障产业用地供给，引导产业转型升级，支持产业有序持续发展"。2017年3月，顺德区政府在政府工作报告中提出，顺德将持续做强实体经济，保障产业发展空间、增强企业发展信心，努力打造粤港澳大湾区高端制造业创新龙头城市。预计此举将实现地区生产总值增长8.5%左右，全社会固定资产投资增长20%以上，但需要有产业空间作为保障。

目标二：结合村级工业园区整治。2017年3月《关于建设产业发展保护区暨整治提升村级工业园区报告》中提出，坚守产业拒当"睡城"。顺德产业巨大成就背后同样存在发展隐患，一方面在"短平快"的利益驱动下，产业的发展空间不断受到挤压，甚至动摇顺德产业根基；另一方面环保历史欠账多，尤其是村级工业园成为环境污染和安全生产隐患"重灾区"，亟需整治提升，与国土综合整治和土地综合整治结合。通过优化布局、调整结构、提升配套服务设施等手段提升土地质量和产出能力。这意味着产业发展保护区的划定也要结合村级工业园区整治，共同支撑产业升级和转型发展。

目标三：严格控制经营性房地产项目。根据《佛山市顺德区产业发展保护区管理办法》，产业发展保护区划定的主要目的是加强产业用地的控制和保护，保障产业用地供给，引导产业转型升级，支持产业有序持续发展，保护区域内原则上严格控制新增开发商品住宅类经营性房地产项目。

（二）各镇街的划定意愿

根据课题组向镇街发放的调查表回收数据整理，各镇对产业保护区划定意愿如下（表5-1，图5-1）：

（1）均安、乐从镇划定意愿用地较多，均超过5万亩；

（2）大良、容桂、陈村、北滘、勒流等镇街划定意愿用地在1万亩以上；

（3）伦教、龙江、杏坛等镇街划定意愿用地较少，在 0.5 万亩左右。

出现用地面积偏差，主要是由于镇街对产保区的理解不同。部分镇街是以增量为主，如北滘、伦教、龙江。部分镇街是现状与增量结合，如乐从、陈村、均安等。容桂认为控规确定的工业用地就是其街道的产保区。

产保区划定镇街意愿表（单位：万亩）　　　　　　　　　表5-1

大良	容桂	伦教	勒流	北滘	陈村	龙江	乐从	杏坛	均安	合计
2.18	1.06	0.46	1.25	1.36	1.80	0.53	5.30	0.34	5.96	20.24

图 5-1　产保区镇街划定意愿示意图

备注：根据发放到镇街的意愿调查表和图绘制，部分镇街提供了 CAD 版本意愿

（三）用地现状与规划校核

1. 与总体规划的用地校核

用总体规划与已建的现状工业用地做校核。其中 60.87% 的现状工业用地在总体规划中已经规划为工业以外的用地类型。其中主要转为居住用地的较多，占现状工业用地总面积的 11.47%；其次是转为绿地与广场用地，占现状工业用地总面积的 6.87%；第三转为商业用地，占现状工业用地面积的 6.80%（表 5-2，图 5-2）。

图 5-2　现状工业用地与总体规划用地校核

现状工业用地与总体规划的用地校核　　　　　表5-2

规划类型	居住用地	绿地与广场用地	商业服务业设施用地	规划为公共管理与公共服务设施用地	公用设施用地	工业用地	其他
工业用地面积（km²）	18.51	11.08	10.97	1.62	1.41	63.12	54.63
工业用地面积（万亩）	2.78	1.66	1.65	0.24	0.21	9.47	8.19
占工业用地比例	11.47%	6.87%	6.80%	1.00%	0.87%	39.13%	33.86%

　　根据上一章多规合一的规划校核，总规和控规一共只确定了9.34万亩的工业用地；通过本节现状与规划校核发现，部分现状工业用地在规划中已经规划为居住等其他用地，所以在产业保护区的划定中不能完全依照既有的规划，需进行相应调整。

　　2. 各类红线管控

　　（1）各类红线管控面积

　　将现状工业用地与基本农田保护区、生态保护红线、禁止建设区分别进行校核，结果表明顺德现状工业侵占三类区域面积较少，分别为413.81亩、210.42亩及338.57亩，分别占现状工业用地总面积的0.20%、0.10%和0.16%。将三类区域进行合并汇总，工业用地占三类区域总面积为931.33亩，仅占工业用地总面积的0.44%（表5-3、图5-3、图5-4、图5-5、图5-6）。

（2）原因：不排除坐标系误差情况

现状工业用地侵占三类区域大多源于不同规划系统坐标系不一致，或者工业用地与生态保护区的边角出现压盖，但也存在部分区域大片工业用地与三类区域重叠的情况。其中北滘镇槎涌社区部分工业用地与基本农田保护区重叠；龙江镇南坑村有工业用地与禁止建设区重叠；龙江镇东头村部分工业用地与禁止建设区重叠；龙江镇苏溪社区部分工业用地与生态保护红线重叠（表5-3、图5-3～图5-6）。

因此，在考虑红线管控时，主要是针对大面积侵占地区进行整治，对于少数边缘压线，默认为是坐标系误差。

在各类红线管控范围内的工业用地分布（亩）　　　　　　表5-3

类别	合计	大良	容桂	伦教	勒流	北滘	陈村	龙江	乐从	杏坛	均安
基本农田	413.81	0	0	2.83	42.23	74.70	3.07	56.44	59.63	132.82	42.08
生态红线	210.42	0	0	0	3.00	0	0	173.78	33.64	0	0
禁建区	338.57	0	5.57	3.76	0.81	0.80	0.17	317.61	8.02	1.42	0.40
三类线汇总	931.33	0	5.57	6.59	46.03	75.51	3.24	517.12	100.54	134.24	42.49

备注：顺德区基本农田全部在限制建设区

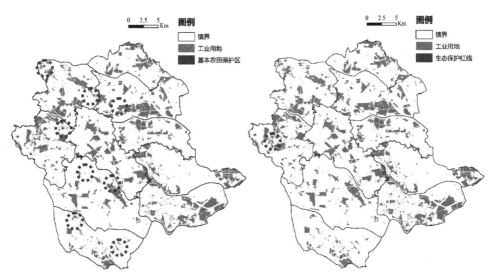

图 5-3　现状工业用地与基本农田　　　　图 5-4　现状工业用地与生态保护红线

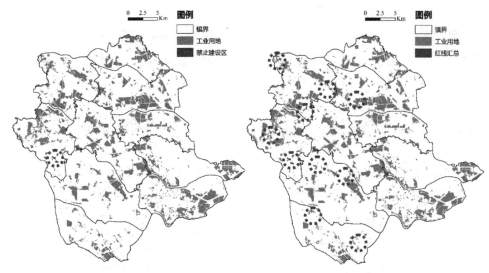

图 5-5 　现状工业用地与禁止建设区　　　图 5-6 　现状建设用地与各类红线

备注：红圈代表较大面积的连片冲突，部分边缘性冲突默认为坐标系误差

（四）易被房地产侵蚀的工业用地

最易被房地产侵蚀的地区，通常是地价较高、住宅价格较高的地区。可以判定现状工业用地中，地价较高和住宅价格较高地区较易被房地产侵蚀。由于土地价格中招拍挂的宗地价格与用地性质相关，工业用地、商业办公用地土地价格低于住宅用地价格，无法用一个统一的价格衡量土地价格，因此本次规划选取顺德所有在售的房屋点数据在 GIS 中做差值分析，设定高于平均价格的区域为较易受侵蚀地区。

百度 POI 点代表地图上的该位置有居住点，可能是小区、楼栋或房间，根据百度 POI 点分布可知，顺德区的住宅区建设主要集中在东部五个镇街，大良、容桂、伦教、北滘、陈村，以及乐从。通过爬虫工具，将搜房及链家网站上顺德在售住房（包含 10131 个新房及 891 个二手房房源）信息数据进行抓取，顺德区最低房地产价格为乐从镇德润花园 4684 元 /m²，最高价格为大良街道嘉信城市广场 38710 元 /m²，平均价格为 14758 元 /m²。对整个价格进行插值分布，房地产价格较高地区集中在陈村南部、北滘东部、陈村与乐从的交界处以及大良街道区政府附近（图 5-7 ～图 5-10）。

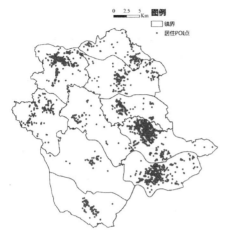

图 5-7　百度 POI 居住点分布图

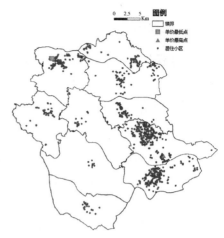

图 5-8　市场上在售住宅分布图

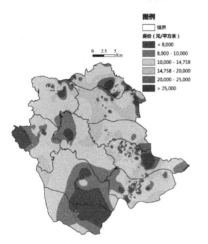

图 5-9　房地产价格分布插值图

图 5-10　较易被侵蚀的工业用地分布图

二、方案划定：产业保护区的划定

（一）划定目标

产业保护区的划定目标为：要像保护基本农田一样，保护先进制造业用地需求；要像保护生态环境一样，保障工业产业发展空间。从而实现对符合顺德经济发展要求的产业企业土地的有效精准供应，补齐土地资源紧缺"短板"，有序引导产业转型升级，增强实体经济发展的后劲和可持续性，防止产业空心化。

（二）划定原则

产业保护区的划定需结合政府发展目标、现行的各类规划、顺德区的现实情况、自下而上的镇街划定意愿，并统筹考虑各类红线管控机制，综合确定3个划定原则，即战略性、法定性、现实性。

（1）**战略性**：经国家、省、市和区认定的镇级及以上各类开发区内的工业用地区域（包括各类工业园区、产业园区、产业集聚区、工业集中区、示范区等）；

（2）**法定性**：同时符合法定城乡规划和土地利用总体规划的、集中连片的工业用地区域；

（3）**现实性**：位于基本农田和生态红线以外，工业基础较好，虽然规划确定为其他用途，但近期仍需保留为工业用途的、集中连片的现状工业用地区域。

综上，根据三个原则将现状工业用地分类（图5-11）。

图 5-11　根据三个划定原则确定的三类工业用地

备注：现状和规划统筹考虑

划定原则释义

① **集中连片**：根据《佛山市顺德区产业发展保护区管理办法》原则上每个产业发展保护区的面积应不少于1平方公里。但有部分小于1平方公里的工业用地与周边工业用地相接或相邻，且连片，则纳入产保区范围。

② **工业基础较好**：应该根据地均产值和地均税收，及根据《佛山市顺德区产

业发展保护区管理办法》对国民经济和产业发展有较大保障作用的工业用地及新产业用地，进行综合判定。但是，工业地块的地均产出和地均税收是一个假命题。因为一家企业注册地址在一个小地块，但是生产可能占据其他多个地块。现状地块不是按照每个企业用地权属划分，而是通过道路、河流等自然分割，所以必然出现无法匹配的情况。地均产出只有在相对独立的管理地域才有统计意义，如工业区、开发区地均产出，顺德区地均产出。因此，实际的划定方法是规模以上企业注册所在的工业地块被认为是工业基础较好的工业用地。

（三）总体方案

1. 产业保护区总体划定方案

共划定产业发展集聚区 74 个，面积 171.40km^2（25.71 万亩），其中产业发展保护区总面积 121.08km^2（18.16 万亩），占所有 24.2 万亩工业用地（现状和规划统筹考虑）总面积的 75.05%。其中最大的产业保护工业用地区块在大良街道，工业用地面积为 1.18 万亩，最小的产业保护区块在陈村镇，工业用地面积为 131.78 亩（图 5-12）。

容桂、陈村、杏坛产业保护区占比在 80% 以上；大良、勒流、北滘、龙江、均安等占比在 70% 以上；伦教、乐从占比在 60% 以上（表 5-4、图 5-13）。

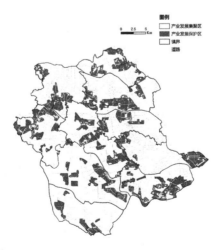

图 5-12 产业保护区划定方案

备注：充分考虑第一批划定方案

各镇街产保区划定面积   表5-4

镇街	工业用地面积（万亩）	产业保护区面积（万亩）	产业保护区占总工业用地面积比例
大良	2.64	1.89	71.50%
容桂	3.14	2.6	82.47%
伦教	1.57	0.97	61.90%
勒流	2.95	2.15	72.87%
北滘	3.27	2.44	74.61%
陈村	1.68	1.43	86.11%
龙江	2.45	1.93	79.10%
乐从	2.56	1.59	61.90%
杏坛	2.61	2.13	81.24%
均安	1.33	1.03	77.75%
总计	24.2	18.16	75.05%

备注：①以上工业用地含规划未批未建。②经与10个镇街沟通，有一部分镇街现状和规划均非工业用地的区域即将在规划中转变为工业用地，这部分用地也纳入产保区。

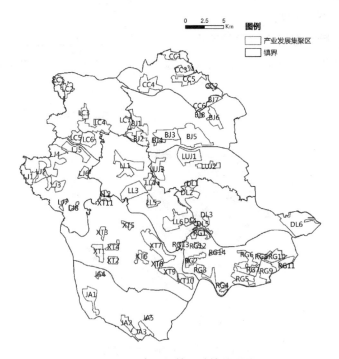

图 5-13　产业保护区地块编号图

2.产业保护区各地块情况一览表

见表 5-5。

各镇街产保区块情况一览表　　　　　　　　　表5-5

镇街	产业保护区			
	编号	名称	产业发展保护区面积（万亩）	产业发展集聚区面积（万亩）
大良	DL-1	大良新松新滘片区	0.11	0.15
	DL-2	大良凤翔工业区	0.42	0.61
	DL-3	大良大门北村片区	0.04	0.08
	DL-4	大良红岗金斗片区	0.04	0.04
	DL-5	大良大门西部片区	0.09	0.12
	DL-6	大良五沙工业区	1.19	1.54
		小计	1.89	2.54
容桂	RG-1	马冈北片区	0.16	0.25
	RG-2	穗香四基片区	0.25	0.28
	RG-3	红旗大福基龙涌片区	0.1	0.14
	RG-4	细滘红旗片区	0.24	0.42
	RG-5	南区容边海尾片区	0.36	0.6
	RG-6	容里德胜片区	0.27	0.41
	RG-7	容边扁滘容里片区	0.08	0.14
	RG-8	小黄圃片区	0.07	0.12
	RG-9	华口扁滘片区	0.41	0.57
	RG-10	小黄圃高黎片区	0.34	0.37
	RG-11	华口片区	0.19	0.22
	RG-12	马冈南片区	0.05	0.09
	RG-13	马冈西片区	0.02	0.02
	RG-14	东风片区	0.06	0.08
		小计	2.6	3.71
伦教	LUJ-1	伦教工业大道产业保护区	0.46	0.67
	LUJ-2	伦教羊大路北产业保护区	0.17	0.25
	LUJ-3	伦教世龙产业保护区	0.34	0.46
		小计	0.97	1.38

镇街	产业保护区			
	编号	名称	产业发展保护区面积（万亩）	产业发展集聚区面积（万亩）
勒流	LL-1	勒流街道港口工业区	0.54	0.77
	LL-2	勒流街道百丈工业区	0.05	0.08
	LL-3	勒流街道中部产业区	0.48	0.73
	LL-4	华南环境科技产业园	0.20	0.28
	LL-5	勒流街道众涌工业区	0.16	0.22
	LL-6	勒流街道富安工业区	0.72	0.95
		小计	2.15	3.03
北滘	BJ-1	会展产业配套区	0.29	0.45
	BJ-2	新兴产业示范区	0.29	0.42
	BJ-3	双智＋双创产业园	0.42	0.56
	BJ-4	智慧家居配套区	0.10	0.15
	BJ-5	传统优势产业区	0.89	1.23
	BJ-6	科技小镇示范区	0.27	0.41
	BJ-7	休闲产业发展区	0.13	0.22
	BJ-8	创新孵化产业园	0.05	0.06
		小计	2.44	3.49
陈村	CC-1	北部产业集聚区	0.36	0.45
	CC-2	勒竹产业集聚区	0.05	0.07
	CC-3	仙涌产业集聚区	0.2	0.31
	CC-4	西部产业集聚区	0.38	0.66
	CC-5	智芯产业集聚区	0.43	0.59
	CC-6	南充产业集聚区	0.01	0.02
		小计	1.43	2.1
龙江	LJ-1	陈涌朝阳片区产保区	0.32	0.42
	LJ-2	保涌片区产保区	0.22	0.3
	LJ-3	三联片区产保区	0.28	0.39
	LJ-4	325国道沿线产业带产保区	0.51	0.85
	LJ-5	大坝片区产保区	0.33	0.51
	LJ-6	联塑片区产保区	0.17	0.22
	LJ-7	东海连片工业区产保区	0.05	0.07
	LJ-8	南坑连片工业区产保区	0.05	0.07
		小计	1.93	2.83

镇街	产业保护区			
	编号	名称	产业发展保护区面积（万亩）	产业发展集聚区面积（万亩）
乐从	LC-1	乐从镇良教工业集聚区	0.09	0.18
	LC-2	乐从镇上华、葛岸工业集聚区	0.19	0.27
	LC-3	乐从镇家具展销产业集聚区	0.13	0.2
	LC-4	乐从镇家具及钢铁产业集聚区	0.53	0.78
	LC-5	乐从镇水藤、沙边产业集聚区	0.24	0.32
	LC-6	乐从镇北围产业集聚区	0.35	0.44
	LC-7	乐从镇良村产业集聚区	0.06	0.09
	小计		1.59	2.28
杏坛	XT-1	七滘产业发展保护区	0.26	0.31
	XT-2	浦项产业发展保护区	0.13	0.17
	XT-3	南朗产业发展保护区	0.1	0.13
	XT-4	麦村产业发展保护区	0.13	0.19
	XT-5	逢简产业发展保护区	0.08	0.1
	XT-6	吕地昌教产业发展保护区	0.16	0.22
	XT-7	杏坛科技园产业发展保护区	0.65	0.92
	XT-8	中小企业园产业发展保护区	0.08	0.11
	XT-9	西部生态产业区启动区 C 单元产业发展保护区	0.25	0.36
	XT-10	西部生态产业区启动区 D 单元产业发展保护区	0.23	0.36
	XT-11	吉祐产业发展保护区	0.06	0.1
	小计		2.13	2.97
均安	JA-1	顺德西南片均安新能源汽车制造基地	0.42	0.51
	JA-2	均安镇畅兴工业园（二期）	0.19	0.25
	JA-3	均安镇畅兴工业园	0.34	0.5
	JA-4	均安镇星槎七滘工业区	0.05	0.08

续表

镇街	产业保护区			
	编号	名称	产业发展保护区面积（万亩）	产业发展集聚区面积（万亩）
均安	JA-5	均安镇新华工业区	0.03	0.04
		小计	1.03	1.38
	总计		18.16	25.17

第六章　产业用地空间的分类划定
　　　　与全面管控

根据顺德现有工业用地情况以及产业保护区管理政策目标，应将 24.2 万亩工业用地全部纳入管控范围。根据管控目标不同划分为：产业保护区、产业过渡区和产业整治区三种类型，有助于协调好近远期工业用地的实施。

一、产业保护区

（一）定义与划定方案

产业保护区的定义：

产业保护区是指在一定时期内，为了保障顺德区产业长远发展，按照一定原则划定的集中连片的工业用地（总规模控制底线），其主要目的为严控经营性房地产。

划定原则和方案见上一章。

（二）发展目标：底线保护，盘活存量

产业保护区内部以工业用地为主导，着力保障战略性新兴产业和先进制造业的发展空间，以发展先进制造业为主。确需转型的，其方向主要为创新研发、新兴产业类用地。应对产业保护区内的未批未建用地、闲置和低效用地进行充分摸底，建立退出和用地收回机制，盘活用地存量。

（三）管理机制：只增不减，动态管理

产业保护区将进行用地底线管理，保证 18.39 万亩最底线，用地只可以在此基础上增加，不得减少。对内部产业和企业将施行有进有出、动态管理。在保护总量、挖掘存量用地基础上，重点提高土地利用强度，完善工业用地标准，与"双达标"建设相结合，建立落后产业、企业的退出机制。在保持总规模前提下动态调节，并与《顺德区产业发展指导目录》相结合，有效引导产业聚集。

（1）建立产业保护区工业用地评估机制。由国土部门会同相关部门定期对产业保护区内工业地块的增加值增速、固定资产投入产出率、税收人均产出、研发投入比、新兴产业产值比、地均产出情况进行评估。及时淘汰和更新落后产能的产业和企业，将存量用地释放出来。各镇街分别进行评估，并编制《镇街产业发展保护区和工业用地规划实施评估报告》报区产业发展保护区工作领导小组审定后，作为下一阶段产业发展保护区规划或工业用地规划编制或修编的依据。

（2）与"双达标"结合建立工业用地退出机制。工业企业机制退出包含两种：①工业企业未达到"双达标"要求的，或造成严重环境污染等情形，出让人可无偿收回建设用地使用权。对地上建筑物的补偿，事先约定采取残值补偿、无偿收回、由受让人恢复原状等方式处置，并在土地出让合同中予以约定。②对没有按照合同所规定的期限动工投产、或经评估认定不符合投资强度、地均产出等要求的企业设定退出机制。

（3）建立产业保护区闲置用地清单。摸清已经闲置的厂房和用地、或废弃的厂房和用地，及时进行腾退，为新的产业聚集提供空间。

（4）对产业保护区内的工业用地进行宗地整体管理。建立相关宗地整体管理规定，如宗地开发人应持有70%以上的物业产权。工业用地标准厂房类土地使用权不得整体或分割转让，宗地上的房屋可以出租，但是不得分幢、分层、分套转让，严禁将工业用地和工业厂房作为房地产经营等。以上意见仅为研究意见，本身不作为管理依据，管理依据《佛山市顺德区提升工业用地利用效率管理办法》执行。

（5）建立产业保护区工业用地项目联合会审机制。产业保护区内如确实需要转变工业主导功能的城市更新或土地整备，或按局部调整程序调出产保区，则应由区产业发展保护区工作领导小组及相关部门对实施用地转移集中、产业转型发展、土地划拨出让、集体土地使用转征用等事项进行联合会审。

（6）建立根据产业生命周期的弹性供地机制。严格执行《顺德区国有建设用地使用权租赁和弹性出让暂行办法》，探索产业差别化供地机制。工业企业的生命周期存在较大的行业差异和规模差异，即不同行业的工业企业生命周期是不同的，不同规模的企业生命周期也是有差异的。因此，考虑不同行业、不同规模企业的生命周期来进行多元化、差别化土地供应是十分必要的。

除明确被列为《顺德工业用地指南》中限制发展类和禁止发展类的产业项目不得供地外一般产业项目用地出让期限按照20年确定，重点产业项目用地出让期限可以按照30年确定，工业及其他产业用地租赁期限不少于5年且不超过20年。

（7）严格实施《佛山市顺德区产业发展保护区管理办法》。工业用地项目的配套建筑面积或兼容设施建筑面积占项目总建筑面积比例不超过15%。针对不同产业特点，细化关于新建项目工业用地容积率不低于1.5的规定。

（8）依据《顺德区产业发展保护区产业发展指导目录》引导产业投资方向。执行《顺德区产业发展保护区产业发展指导目录》，对纳入鼓励类的生产能力、工艺技术、装备产品和服务，实行优先发展政策，优先给予金融、用地、财税等方面支持。对纳入限制类、不符合行业准入条件和有关规定、不利于安全生产、不利于资源和能源节约、不利于环境保护和生态系统恢复的生产能力、工艺技术、装备及产品，禁止投资新建项目和简单扩大再生产。对纳入禁止类、严重浪费资源和能源、严重污染环境或严重破坏生态环境、不具备安全生产条件等需要淘汰的落后工艺技术、装备及产品，禁止投资新建项目，现有生产能力在有关规定的淘汰期限内予以停产或关闭。

二、产业过渡区

（一）定义和划定方案

1. 产业过渡区的定义

产业过渡区是指位于产业保护区、基本农田和生态红线范围外，产业集中性和产能较高、有部分优质企业的集中工业用地（面积大于 0.1 平方公里）。

产业过渡区需要在一定时期内实现产业升级，并依照已批准的城乡规划实施。

2. 划定原则

（1）在产业保护区、基本农田和生态红线范围外，符合法定城乡规划和土地利用总体规划的工业用地；

（2）在产业保护区、基本农田和生态红线范围外，工业基础较好，存在优质企业的集中工业用地[1]。

其中"集中"指面积不小于 0.1 平方公里（即 10 公顷，150 亩）；

（3）其他需要划入过渡区的面积不小于 0.1 平方公里的工业用地（图 6-1）。

3. 划定方案

根据以上 3 个原则，产业过渡区划定方案（图 6-2、表 6-1）如下：

各镇街产业过渡区　　　　　　　　　　　　　　　　　　表6-1

镇街	现有工业用地面积（万亩）	产业过渡区面积（万亩）	产业过渡区占工业面积比例（%）
大良	2.64	0.42	15.95%
容桂	3.13	0.31	9.96%

---

[1] 产保区划定原则的第四条与本条存在区别，前者是集中连片，需要与周边的工业用地相邻、相接或相连，本条涉及的工业用地则以分散方式存在。

续表

镇街	现有工业用地面积（万亩）	产业过渡区面积（万亩）	产业过渡区占工业面积比例（%）
伦教	1.57	0.44	27.94%
勒流	2.95	0.57	19.46%
北滘	3.27	0.53	16.08%
陈村	1.68	0.11	6.64%
龙江	2.45	0.28	11.57%
乐从	2.56	0.78	30.38%
杏坛	2.61	0.16	6.08%
均安	1.33	0.21	15.74%
总计	24.2	3.81	15.76%

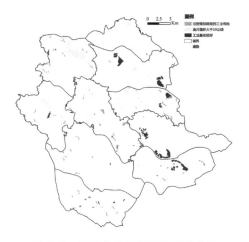

图6-1　根据3个划定原则确定分类

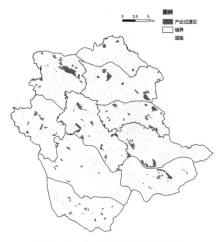

图6-2　产业过渡区划定方案

（二）发展目标：流量增效，提升质量

产业过渡区依照已批复的规划进行实施。施行对这部分工业用地的转变增效，通过市场机制实现用地过渡，充分发挥供需机制、价格机制和竞争机制在工业用地性质转变中的作用。加快过渡区低效工业用地的退出，提高工业用地市场周转率和利用效率。对于过渡区的工业用地，按照合法用途继续保留使用，如果要改变其使用功能，需要符合城市规划要求并要优先满足区域急需的公共配套、市政交通配套需求。

（三）管理机制：规划引领，市场主导

（1）推进控规全覆盖，严格按照法定规划实施。目前顺德已批复的控规还没有全覆盖，或者有些已批复的控规存在边缘区叠合但用地规划性质不同的错误和冲突。因此，应尽快推进控规全覆盖和既有控规规划的整合，使过渡区的用地性质实施有规可依。

（2）建立《产业保护区外重点企业支持目录》（以下简称《目录》）。支持列入《目录》的重点企业向产业保护区转移集中或支持其扩大再生产。并定期实施跟踪评估和动态更新。这意味着产业过渡区因为产业结构和规划实施会出现较大幅度的调整，部分企业面临淘汰升级。各镇街重点发展企业进入支持目录，区政府制定相应的优惠鼓励支持政策促进企业入园、入产业保护区。

三、产业整治区

（一）定义和划定方案

1. 产业整治区的定义

产业整治区是指与法定的城乡规划和土地利用规划不符、工业用地布局分散、周边配套不足、产能较低的工业用地，是整治的重点区域。对占用基本农田和生态红线范围的产业整治区内的工业用地进行优先整治，对其他工业用地布局分散且产能较低的进行集中整治和土地复垦。

2. 划定原则

总体原则为非产业保护区和非产业过渡区内的工业用地。这些用地具有以下基本特征：

（1）占用基本农田，或在生态红线范围内的工业用地；

（2）不符合法定城乡规划或土地利用总体规划，且布局分散、产能较低的工业用地；

（3）其中布局分散是指面积小于 $0.1km^2$，且与周边工业用地不相连；产能较低是指不存在规模以上的企业。

根据以上原则，产业整治区的分类（图 6-3）和划定方案（图 6-4、表 6-2）如下：

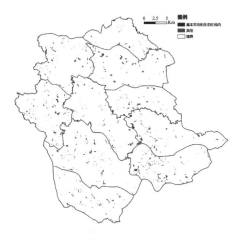

图6-3 根据2个划定原则确定分类

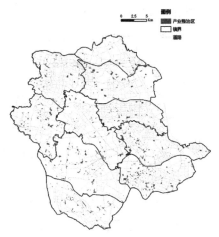

图6-4 产业整治区划定方案

各镇街产业整治区   表6-2

镇街	现有工业用地面积（万亩）	产业整治区面积（亩）	产业整治区占工业面积比例（%）
大良	2.64	0.33	12.32%
容桂	3.13	0.40	12.89%
伦教	1.57	0.17	10.60%
勒流	2.95	0.23	7.78%
北滘	3.27	0.30	9.11%
陈村	1.68	0.12	7.41%
龙江	2.45	0.30	12.14%
乐从	2.56	0.20	7.77%
杏坛	2.61	0.33	12.58%
均安	1.34	0.21	15.79%
总计	24.20	2.58	10.67%

（二）发展目标：生态导向，落实减量

产业整治区应突出生态和环境建设的导向，进行土地复垦和建设用地综合整治，落实减量指标。

（三）管理机制：综合整治，增减挂钩

（1）结合环保和安全生产双达标进行综合整治。进行土地复垦和建设用地

79

综合整治，突出生态和环境建设的导向。三旧改造和双达标与产保区之间互为目的和手段。产保区划分的目的之一是限制经营性房地产，之二是通过用地连片整合提高用地效率，之三是留住实体工业经济，实现区域可持续发展才是应有之意。三旧改造、双达标和产业保护区最终都是为了促进或倒逼区内产业转型升级，实现顺德的可持续发展。三旧改造是为了营造提升既有产业发展环境，是产保区划定后环境提升的重要手段；双达标是产保区划定后的红线要求和目标指向；产保区的划定可为三旧改造提供空间导向，成为实现双达标的重要整治抓手。

（2）制订农业整治区年度整治和复垦计划，建立年度镇街新增（居住、商业）建设用地指标与产业整治区减量挂钩制度，落实减量化目标。加大财政资金对工业用地整理、生态复垦等的支持力度。盘活整治区的低效用地，拆掉整治区内的工厂，对保留的产业企业进行异地再建的补贴与扶持。将整治计划与建设用地开发计划挂钩，奖励和限制机制并用，推进对零、散、小的工业用地的整治与复垦。

四、"三区"的调整和转换机制

（一）产业保护区→产业过渡区的调整和转换

按照《佛山市顺德区产业发展保护区管理办法》（以下简称办法），因顺德区城乡发展需求，确需调整的，按照该办法规定的程序进行调整，并遵照本规划产业保护区"只增不减"的原则进行调整。

1. 调整的前提条件

（1）因国家、省、市、区重大建设项目，或急需完善地区配套设施和城市服务功能而确需进行调整的（办法规定）；

（2）新增的国家、省、市和区认定的镇级及以上各类开发区内的工业用地区域（包括各类工业园区、产业园区、产业集聚区、工业集中区、示范区等），或原有认定范围发生改变的（产业保护区的划定原则内涵发生更改）；

（3）因法定城乡规划和土地利用总体规划发生修编或更改，并对产业保护区的用地产生重大影响的（产业保护区的划定原则内涵发生更改）；

（4）因《产业发展保护区规划》发生修编的其他情况。

调整进入产业过渡区的原产业保护区工业用地应按照法定城乡规划的用地性质实施。

2. 调整的程序

按照《佛山市顺德区产业发展保护区管理办法》第九条规定的程序进行调整。

第九条　产业发展保护区调整程序

（一）镇街提出产业发展保护区调整建议；

（二）区城乡规划主管部门会同区经济、国土城建、环境保护等主要职能部门编制产业发展保护区调整方案；

（三）征求相关单位、相关权利人及专家意见；

（四）报区产业发展保护区工作领导小组审定；

（五）报区人民政府常务会议审定；

（六）报区人大常委会备案；

（七）调整方案应自审定之日起30日内，在区政府网站上公布。

3. 调整后的工业用地面积须符合"占补平衡、只增不减"的原则

根据产业保护区"只增不减"原则，调整出产业保护区的工业用地面积，需由符合产业保护区划定原则的工业用地或空地纳入，实现占补平衡，保证18.39万亩的刚性底线。新纳入产业保护区的用地需符合以下条件之一：

（1）产业过渡区内，符合法定城乡规划和土地利用总体规划的集中连片的工业用地区域；

（2）产业过渡区内，工业基础较好，存在优质企业的集中工业用地；

（3）产业过渡区外，符合工业用地条件的空地，原则上面积不小于$1km^2$。

（二）产业过渡区→产业保护区的调整和转换

1. 调整的前提条件

（1）根据上一节，因产业保护区调整需要，进行纳入的；

（2）因镇街发展要求，需要纳入的；

（3）因《产业发展保护区规划》发生修编的其他情况。

2. 调整的程序

按照《佛山市顺德区产业发展保护区管理办法》第九条规定的程序进行调整。

（三）产业过渡区→产业整治区的调整和转换

1. 调整的前提条件

（1）产业过渡区内，因规划实施需要，确需整治的；

（2）因《产业发展保护区规划》发生修编的其他情况。

2. 调整的程序

无需必要的调整程序，按照规划实施。

五、产业发展保护区规划的调整机制

产业发展保护不是一个单一维度的问题，产业发展保护和城市的经济发展阶段、定位和战略选择、城市经营的成本和收益预期、房地产开发的节奏、就业的需求和供给能力等诸多问题息息相关。因此，根据前一节的调整和转换机制，三区并非一成不变，应结合时序进行考虑，只有将不同时序与城市发展的不同阶段以及不同阶段的战略选择与之相匹配，并将相关的指标和管理目标等纳入国民经济与社会发展规划、土地利用总体规划和城市总体规划，并使相关专项规划与之相衔接，才能形成一个完整的管控体系，才能长效、有效的管理。因此提出以下规划调整条件：

（1）原则上，产业发展保护区规划每 5 年调整一次，并将相关的指标和管理目标等纳入国民经济与社会发展规划、土地利用总体规划和城市总体规划；

（2）区人民政府认定的其他应调整的情况。

第七章　制度创新与规划实施政策

一、制度建设：工业用地全过程管理

（一）多部门协同强化工业用地退出机制

根据顺德区工业用地现状有必要构建顺德区工业用地退出机制，机制建立的基本目标是通过规划限制和政策引导让顺德区土地利用效率低、严重不符合双达标、濒临破产的企业主动放弃或申请腾退工业用地，实现土地利用高效化和集约化发展。

（1）协同整合国土部门、环保部门和安全生产部门关于双达标的审批流程。调研的过程中发现，很多企业并不是不想根据政府的要求办理双达标，无奈面临多重手续的办理和历史遗留问题。如合法用地上污染企业可办理、非合法用地的非污染企业因国土手续导致办理困难。建议协同整合国土部门、环保部门和安全生产部门双达标的审批流程，让愿意办理双达标及提升改造的企业及时办理。对于严重不符合双达标及用地效率低的企业采用工业用地退出机制。

（2）采用明确、可操作性的引力机制、推力机制和压力机制并行的治理手段进一步完善工业用地退出机制。调研的过程中发现，企业最多的呼声是"要出路"，要一条明确的出路。引力机制是通过适当的福利政策安排及补偿，或提供明确的指引方向使得工业企业主动退出工业用地，但所享受的福利不小于保有现有工业用地的福利，对于农民来说分红也没有减少，从而引导工业企业自愿腾出现有工业用地。压力机制建立的基本途径是建立企业土地利用信息核查及动态管理制度，同时增加土地保有环节的税费负担，迫使企业退出工业用地。推力机制主要针对需要面临产业结构调整和产业转移的企业，其建立的基本途径是构建具有可操作性的进入和退出的转换接续措施，如将电镀行业引导迁入恒鼎工业园。

（二）强化税费调节的激励约束机制

积极探索税费调节的激励约束机制。实行工业用地集约利用评价与年度计划供应、鼓励制度相挂钩制度。对企业而言，一方面鼓励企业对现有厂区进行土地资源的挖潜利用，另一方面惩处土地粗放利用行为。如可对企业利用旧厂区改建、翻建厂房并达到政府预设标准的情况，免收城市基础设施建设配套费、配套补助费及其他所规定的相关费用；鼓励建设多层标准厂房，除有特殊工艺要求不宜建设多层厂房的项目外，一般工业项目不得建设单层厂房。违反规定建设单层厂房的加倍征收相关费用或收回土地；在现有厂区内扩建、新建厂房，按规定标准减半收取等。

（三）加强工业土地市场的动态监测

对产保区内的新建工业项目，严格工业用地预审、审批和批后监管工作，应从 4 个方面加强工业用地市场的监管。

（1）严格用地预审。在项目可行性论证阶段，积极引导相关企业提高建筑密度、投资强度，建筑物向空中、地下立体式延伸，提高土地利用率。

（2）严格用地审批管理。坚持从严从紧的供地政策，严格控制各类年度指标如投资强度、容积率、厂房用地比例和绿地率等，严格执行建设用地审批会审制度，实行建设用地审批联席会议制度，对所有行政审批事项集体讨论、集体决策、集体审批。

（3）加强项目开竣工及投产管理。对进度缓慢的项目，以事先告之的形式提醒、督促其按约定时间进行工程建设；对迟迟未能动工或进展缓慢的项目，按照规定依法收取土地荒芜费，并纳入重点管理，限期建设达标。对因其他原因未能按合同约定进行建设而造成土地浪费的，依法收回部分土地使用权。

（4）加强土地市场动态监测。及时将征转用、土地储备、供应、土地抵押、转让、出租及集体建设用地信息录入土地市场动态监测和监管系统，对交地、开工、竣工、土地闲置认定及处置、竣工验收等开发利用情况及时进行监管，并将实际监测的结果实时录入。

对企业的土地利用进行监管，对新增工业用地的土地利用结构、土地利用强度和土地利用效益是否达到工业用地建设标准进行监管。如果没有达到上述标准，责令其限期整改或强制其腾退。

（四）依据工业企业生命周期完善弹性出让制度

目前，顺德区村集体建设用地大多数因为权属问题并未到期，对于极少一部分到期的村集体用地，采用了每 3 年一租的弹性出让制度。但工业企业的生命周期存在较大的行业差异和规模差异。对于像顺德区这样拥有 17 万企业的工业立市城市来说，加强对不同产业、企业的生命周期研究十分有必要，可为政府建立差异化的工业用地弹性出让制度提供重要依据（图 7-1、图 7-2）。

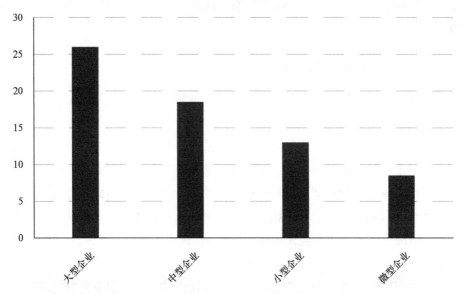

图 7-1 大中小微企业的平均生命周期（单位：年）

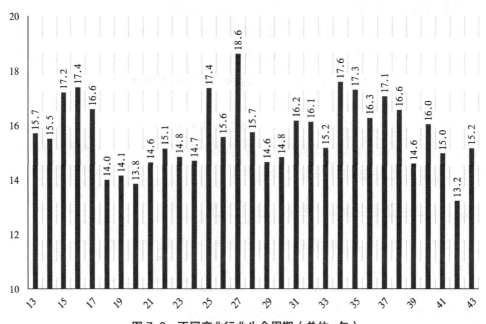

图 7-2 不同产业行业生命周期（单位：年）

资料来源：国土部《产业生命周期及在用地供应中的应用研究》

以《顺德区产业发展保护区产业发展指导目录》（以下简称"目录"）为指导，利用工商部门提供的企业信息与数据，对目录中提出的鼓励类产业（战略性新兴产业、传统优势制造产业、现代服务业等）的不同门类行业，结合顺德区的实际区情进行产业生命周期研究，以完善不同产业的工业用地弹性出让制度（表7-1）。

产业代码一览表　表7-1

代码	13	14	15	16	17	18
名称	农副食品加工	食品制造	饮料制造	烟草加工业	纺织业	纺织服装鞋帽制造
代码	19	20	21	22	23	24
名称	皮革、毛皮、羽绒及其制品业	木材加工及竹、藤、棕、草制品业	家具制造业	造纸及纸制品业	印刷业、记录媒介的复制	文教体育用品制造业
代码	25	26	27	28	29	30
名称	石油加工、炼焦及核燃料加工业	化学原料及化学制品制造业	医药制造业	化学纤维制造业	橡胶制品业	塑料制品业
代码	31	32	33	34	35	36
名称	非金属矿物制品业	黑色金属冶炼及压延加工业	有色金属冶炼及压延加工业	金属制品业	通用设备制造业	专用设备制造业
代码	37	39	40	41	42	43
名称	交通运输设备制造业	电气机械及器材制造业	通信设备、计算机及其他电子设备制造业	仪器仪表及文化、办公用机械制造业	工艺品及其他制造业	废弃资源和废旧材料回收加工业

（五）实行工业用地交易许可制和申报制

工业用地交易许可制和申报制主要针对工业企业转让退出工业用地的相关情景。国土部门需要对拟进行交易和土地分割行为的土地进行审核。审查合格才发放许可证。若无许可证，便不能进行土地使用权转移登记。工业用地交易许可制和申报制需要关注三个方面：一是土地用途，不能随意改变工业用地用途；二是交易面积，需要规定交易面积的下限；三是申报价格，若申报价格在基准价格一定水平以下时，政府要劝告申报者按基准价格以上的价格再申报，否则，将由政府经营的土地开发公司使用先买权，按申报价格购买。

（六）建立企业用地信用评级和责任追究机制

市场经济是建立在信用体系基础之上的，作为一种长效的激励机制，要使市场主体自身的信誉不断加强，树立良好的形象，未来顺德区则可构建企业用地信用评级和责任追究机制。

同时要按照预计的建设周期，及时审核建筑物的实际用途和业态，如果发生异常应进行专项检查。对于变更工业用地用途和不符合额定用地标准的企业，要在信用档案中特别记载并公示其违规行为。政府随后还应取消其在园区享有的优惠政策，并对今后的用地情况进行限制。

（七）逐步构建利益协调平衡机制

调整产保区、过渡区和整治区的利益分配。促进产业集聚和低效用地整治。建立平衡产保区内工业用地升级改造涉及的政府、村居、投资者、原经营者以及社会公众等各方利益的相关管理制度，以利于土地整合，使各部门、各改造参与方形成合力，促进改造。

二、创新改革：农村股份合作社改革

针对村集体工业用地改造困难，利益矛盾多样化的现实情况，本次规划提出农村股份合作社改革的政策方案。在保证所有利益方不受损失的情况下（"帕累托最优效应"），改善村集体土地使用权利决策机制。具体设计详见专题 7《顺德区股份社改革与制度设计研究》。

（一）拆股或增资扩股，拟提高股份的流动性

在 2001 年股权固化的基础上，对现有股份按照 1∶10 或 1∶20 的比例（也可根据股份社自身情况确定分割比例）进行分割（也称拆股），增加现有股份的数量。若不能直接拆土地股，建议使用专题 7 中的方案二，增资扩股。

（1）有助于分红计算和股份转让

从 2001 年股权固化以来，顺德区股份社的股份流转途径有继承、转让和赠与三种途径，但是转让和赠与的比例极低，基本以继承为主。经过多年的继承，大部分股份社都出现了部分股东所持股份不足一股的现象，这为分红计算和股权

转让带来了诸多不便，因此应首先对股份社股份进行分割，消除股份不足一股的问题，并在今后视具体情况，由股份社自行决定再次进行股份分割的比例。

（2）有助于降低股份市场价格，提高流动性

虽然目前大部分股份社的年底分红收益只有几千元，但是股东普遍对征地补偿抱有较高的预期，因此导致每股股份的市场价格达到了十几万元甚至几十万元。较高的市场估值严重制约了股权的流动性，通过高比例的重复拆股，降低每股股份的市场价格，可以有效提高股份的流动性。

（3）防止股份流动后丧失股权和投票权

现在大部分股份社股东拥有 1 ~ 2 股股权，对于拥有 1 股的股东来说，卖出一股股份就意味着彻底丧失了股权；而对于拥有 2 股的股东来说，卖出一股也意味着出让自己 50% 的股权。对于股东来说，出让股权的风险较高，导致股东出让股权的意愿往往不足。经过高比例的拆股后可以有效防止上述情况的出现，由股东自行决定出让的比例。

（二）赋予集体股投票权，激发理事会做事热情

集体股是集体共同拥有的股权，其理论上的持有人是社区全体成员，在实践中一般都由集体组织代理持股。在这样的背景下，集体股只享有收益权，而没有投票权。实践证明，在没有投票权的情况下，集体股的分红收益权也往往无法保证。因此，赋予集体股以投票权，由理事会代为投票，一方面利于维护集体股的合法权益，为集体经济发展保留必要的发展基金，另一方面可适当提高理事会的投票话语权，激发理事会干事创业的热情，并搭建干事创业的平台。

（三）增加一股一票的经济决策机制，促进大股东参与决策

在现行"一人一票"制的决策机制的基础上，需增加"一股一票"的投票机制，将"一人一票"制和"一股一票"制结合起来，在充分肯定民主决策和管理的前提下，适当兼顾大股东的利益。具体做法是在涉及选举等事项时，采用"一人一票"制。而涉及投资计划等经营决策事项时，采用"一股一票"制。

对涉及经济决策的事项实行"一股一票"制，可以促进股份社内部的股权流转，为真正关心股份社发展的大股东提供参与经济决策的机制，实现股份社内部资源的优化配置。

（四）升级改造现有股权管理系统，搭建股份流转交易平台

升级改造现有农村股份社股权信息化管理系统，将其打造成股份社股权公开交易、协议转让、红利发放的平台，增强股权的流动性，以便促进股权的正常流转，让市场赋予股权以公正、合理的价格。

为了提高股东手中股权的金融属性，让股权为股东创造更多的效益，可将股份转让登记平台与银行的信贷平台进行对接，实现股权的抵押、担保等功能，为股份社和股东提供足够的金融支持，在促进股份社集体经济和个体经济发展的同时有效提高股权的估值水平。

对于股份社股东进行股份分拆之后的股份份额，先期试点可以规定股东出让股份的一个最高比例，如 50%，即将股份社股东手中 50% 的股份划为流通股，剩余 50% 为非流动股，以免出现个别股东一次性出让股权后因暂时的流动性不足而无法重新获得股权的情况出现。后期随着股权流动性的不断提高，流通股的比例可以不断提高，以增加流通股的数量，同时提高股东可以进行资金变现的总额。

（五）扩大股权转让范围，企业化经营股份社

从 2001 年股权固化至 2015 年顺德区暂停股权转让，这期间顺德区规定，股权转让（赠与）的受让人（受赠人）须符合下列情况之一：（1）转让人（赠与人）户籍在本村（社区）的近亲属和其他具有抚养、赡养关系（如翁婿、婆媳）的亲属；（2）户籍在本村（社区）的股份社股东及其配偶、子女；（3）转让人（赠与人）所属的股份社。

顺德区对于股权转让的规定实际上将其转让（赠与）范围限定在股份社内部进行。股份社股权流动的封闭性限制了股份社的人才引进。对于已经具有公司性质的股份合作社而言，其管理运营单纯依靠股份社内部选举出的理事会不利于提高股份社的经营管理水平和经济效益，适当引进人才对于实现股份社的长远发展而言是必不可少的。股权流动的封闭性限制了股份社通过出让股份的形式引进管理型人才。另一方面，股权流动的封闭性堵塞了股份社利用外部资金发展壮大集体经济的途径。目前，大部分股份社缺少发展壮大集体经济的必要资金积累，而在股份社继续做大做强的过程中，除了必要的内部资金积累，外部资金（资本）的引入也是必不可少的。而要引入外界资金（资本），必须首先打破股权流动的封闭性。

(六) 城投公司介入推动用地整合，实现"帕累托最优效应"

在打破股权流转的封闭性之后，城投公司利用自有资金介入股份社股权流转。城投公司可以充当股权流转试点早期的做市商，提高股权流转的活跃度。另一方面可以逐步收购股份社的部分股权，从而为下一步的产业园区集中整治、改造升级创造条件。

城投公司通过提高股权交易的活跃度提高了股权的流动性，从而可以通过购买股权的方式，弥补股东眼前利益的损失。市场会对集中整治这一行为做出理性的反应，鉴于集中整治对于股份社长远发展的有益性，市场会对股份社的股权给出更高的价格，从而弥补股东年底分红减少造成的损失。而在推动园区整合的过程中，城投公司将原本用于园区整治的资金转化为股份社的股份，通过自己手中掌握的股份推动股份社股东交叉持股和换股，让关闭部分园区对股东利益造成的损失通过股权的升值来进行弥补，从而有效减少园区整合的阻力，同时提高政府资金的使用效率。

三、政策清单：建议出台的管理政策制度

(一)《顺德区产业发展保护区用地管理办法》

制度目标：提高产业发展保护区内的用地效率。

主要内容：

① 在产保区内新建工业项目供地文件和用地合同中，必须明确约定投资强度、容积率、建筑系数、行政办公及生活服务设施用地所占比重和绿地率等土地利用控制性指标要求及相关违约责任；

② 对产保区内其他工业地块的增加值增速、固定资产投入产出、税收人均产出、地均产出等根据行业和产业特点做出底线限定，不符合者督促其尽快完善和提升用地效率，再不符合者腾退土地。

各地区不同时期工业用地容积率与国家标准对比　　　　表7-2

代码	行业分类	2008 国标	2008 河南	2008 湖北	2008 天津	2008 上海	2010 江苏	2011 浙江	2011 安徽	2012 上海	2013 福建	2014 浙江
13	农副食品加工业	≥1.0	≥1.0	≥1.0	≥1.0	≥0.46	≥1.0	≥1.0	≥1.0	≥0.55	≥1.2	≥1.0

续表

代码	行业分类	2008国标	2008河南	2008湖北	2008天津	2008上海	2010江苏	2011浙江	2011安徽	2012上海	2013福建	2014浙江
14	食品制造业	≥1.0	≥1.0	≥1.0	≥1.0	≥0.51	≥1.0	≥1.0	≥1.0	≥0.60	≥1.2	≥1.0
15	饮料制造业	≥1.0	≥1.0	≥1.0	≥1.0	≥0.53	≥1.0	≥1.0	≥1.0	≥0.64	≥1.3	≥1.0
16	烟草加工业	≥1.0	≥1.0	≥1.0	≥1.0	≥1.12	—	≥1.0	≥1.0	≥1.77	≥1.1	≥1.2
17	纺织业	≥0.8	≥0.8	≥0.8	≥0.8	≥0.76	≥0.8	≥0.8	≥1.2	≥0.76	≥1.3	≥1.0
18	纺织服装鞋帽制造业	≥1.0	≥1.0	≥1.0	≥1.0	≥0.64	≥1.0	≥1.0	≥1.2	≥0.80	≥1.5	≥1.2
19	皮革、毛皮、羽绒及其制品业	≥1.0	≥1.0	≥1.0	≥1.0	≥0.60	≥1.0	≥1.0	≥1.2	≥0.83	≥1.3	≥1.2
20	木材加工及竹、藤、棕、草制品业	≥0.8	≥0.8	≥0.8	≥0.8	≥0.48	≥0.8	≥0.8	≥1.2	≥0.57	≥0.9	≥1.0
21	家具制造业	≥0.8	≥0.8	≥0.8	≥0.8	≥0.61	≥0.8	≥0.8	≥1.2	≥0.68	≥1.2	≥1.0
22	造纸及纸制品业	≥0.8	≥0.8	≥0.8	≥0.8	≥0.45	≥0.8	≥0.7	≥1.0	≥0.49	≥1.2	≥0.8
23	印刷业、记录媒介的复制	≥0.8	≥0.8	≥0.8	≥0.8	≥0.74	≥0.8	≥0.8	≥1.5	≥0.74	≥1.4	≥1.0
24	文教体育用品制造业	≥1.0	≥1.0	≥1.0	≥1.0	≥0.64	—	≥1.0	≥1.5	≥0.75	≥1.3	≥1.1
25	石油加工、炼焦及核燃料加工业	≥0.5	≥0.5	≥0.5	≥0.5	≥0.20	≥0.5	≥0.5	≥1.0	≥0.20	≥0.7	≥0.5
26	化学原料及化学制品制造业	≥0.6	≥0.6	≥0.6	≥0.7	≥0.35	≥0.7	≥0.5	≥1.0	≥0.36	≥0.9	≥0.6
27	医药制造业	≥0.7	≥0.7	≥0.7	≥0.7	≥0.49	≥0.9	≥0.7	≥1.0	≥0.51	≥1.0	≥0.8
28	化学纤维制造业	≥0.8	≥0.8	≥0.8	≥0.9	≥0.46	≥0.9	≥0.8	≥1.0	≥0.66	≥1.1	≥0.8
29	橡胶制品业	≥0.8	≥0.8	≥0.8	≥0.8	≥0.44	≥0.9	≥0.8	≥1.0	≥0.68	≥1.1	≥0.9
30	塑料制品业	≥1.0	≥1.0	≥1.0	≥1.0	≥0.56	≥1.0	≥1.0	≥1.0	≥0.45	≥0.9	≥0.7
31	非金属矿物制品业	≥0.7	≥0.7	≥0.7	≥0.7	≥0.35	≥0.7	≥0.7	≥1.0	≥0.26	≥0.9	≥0.6
32	黑色金属冶炼及压延加工业	≥0.6	≥0.6	≥0.6	≥0.6	≥0.21	≥0.6	≥0.5	≥1.0	≥0.57	≥0.9	≥0.6
33	有色金属冶炼及压延加工业	≥0.6	≥0.6	≥0.6	≥0.6	≥0.43	≥0.6	≥0.5	≥1.0	≥0.59	≥0.9	≥0.6
34	金属制品业	≥0.7	≥0.7	≥0.7	≥0.7	≥0.55	≥0.7	≥0.7	≥0.8	≥0.53	≥1.0	≥0.8
35	通用设备制造业	≥0.7	≥0.7	≥0.7	≥0.7	≥0.52	≥0.7	≥0.7	≥0.8	≥0.61	≥1.0	≥0.8
36	专用设备制造业	≥0.7	≥0.7	≥0.7	≥0.7	≥0.61	≥0.7	≥0.8	≥1.0	≥0.46	≥1.0	≥0.7
37	交通运输设备制造业	≥0.7	≥0.7	≥0.7	≥0.7	≥0.44	≥0.7	≥0.8	≥1.0	≥0.30	≥1.0	≥0.8
39	电气机械及器材制造业	≥0.7	≥0.7	≥0.7	≥0.7	≥0.56	≥0.7	≥0.8	≥1.0	≥0.66	≥1.1	≥0.9
40	通信设备、计算机及其他电子设备制造	≥1.0	≥1.0	≥1.0	≥1.0	≥0.72	≥1.1	≥1.0	≥1.0	≥0.78	≥1.4	≥1.1
41	仪器仪表及文化、办公用机械制造业	≥1.0	≥1.0	≥1.0	≥1.0	≥0.72	≥1.1	≥1.0	≥1.2	≥0.81	≥1.1	≥1.1
42	工艺品及其他制造业	≥1.0	≥1.0	≥1.0	≥1.0	≥0.64	≥1.0	≥1.0	≥1.2	≥0.64	≥1.3	≥1.0
43	废弃资源和废旧材料回收加工业	≥0.7	≥0.7	≥0.7	≥0.7	≥0.22	—	≥0.6	≥1.0	≥0.29	≥1.0	≥0.6

（二）《顺德区产业发展保护区工业用地动态评估管理办法》

制度目标：及时掌握产保区内工业用地的使用情况。

主要内容：

① 建立工业区块规划实施评估工作机制，对产保区内工业地块的增加值增速、固定资产投入产出率、税收人均产出、研发投入比、新兴产业产值比、地均产出，由区国土部门会同相关部门定期对全市规划工业区块的发展建设等情况进行评估。各镇街可分别进行评估，工业区块规划实施评估报告经审定后，作为下一阶段规划编制或修编的依据。

② 对产业发展保护区评估中的综合发展指数及各分项指标定期进行公布。

(三)《顺德区闲置和低效工业用地清单》

制度目标：认真摸清已经废弃和闲置的工业用地、低效工业用地，为进一步腾退、清理奠定基础。

主要内容：

将所有企业及税收数据匹配到每个工业地块，动态监测其中企业的税收、营收情况，及时了解各企业用地情况。

(四)《镇街新增建设用地指标与产业整治区减量挂钩制度》

主要内容：

对侵占红线的用地进行清理，对产能低、零散零星分布的工业用地进行整治。将整治计划与建设用地开发计划挂钩，奖励和限制机制并用。

(五)《产业发展保护区外重点优质企业目录》

制度目标：支持列入《目录》的重点企业向产业保护区转移集中或支持其扩大再生产。

主要内容：

产业发展保护区外因为产业结构和规划实施会出现较大幅度的调整，部分企业面临淘汰升级。各镇街重点发展企业进入支持目录，制定相应的优惠鼓励支持政策促进企业入园、入产业保护区。特别是将符合产业导向、成长性好、需要快速扩张的重点工业企业转移至产业保护区发展。支持列入《目录》的重点企业实施技术改造。并保留原工业用地性质，纳入地区规划，优化容积率和建筑高度等规划参数，促进其发展为环境友好、能源节约、产出高效的企业。

（六）《关于完善工业项目招选和改革工业用地供应方式促进产业转型升级的指导意见》

主要内容：

提出工业项目分类的标准，结合工业项目类型以及工业企业的生命周期，实现差别化的供地方案。

（七）《顺德区工业厂房及工业楼宇租赁与转让管理办法》

制度目标：防止工业地产化，提升企业创造活力。

主要内容：

① 工业用地内建筑物或构筑物仅限于企业自用或出租，不得分割销售、分割转让和分割办理权证，禁止以租代售、禁止开发商品公寓和住宅；

② 可细化可转让的情形，如破产清算，法院强制执行，被主管部门依法责令停产等。如单一企业投资建设，非自用部分比例低于40%。受让人必须是依法注册的企业，不得是个人。

（八）失信企业信息管理平台与机制

制度目标：建立工业用地企业变相经营房地产的防控机制。

主要内容：对利用工业用地变相发展商业及住宅房地产项目的企业，将企业相关违法违规使用土地的处罚信息向公共信用信息服务平台归集，进入失信企业名单并责令其整改，同时根据相关规定处以罚款或没收违法所得，无偿收回违法建设及土地使用权，对失信企业及其人员在其整改期间内限制一切奖励和鼓励型政策的享有，并加强对相关失信信息服务平台的归集。

专题 1　顺德区产业经济发展与空间演变

中国科学院地理科学与资源研究所

2019 年 10 月

一、顺德产业的历史成就及发展动因

（一）顺德产业的成就与辉煌

1. 顺德经济规模日益壮大

1978 年顺德经济仍然相对落后，物资相对缺乏，同年全县（当时顺德为县）国内生产总值（GDP）仅 10.5 亿元（1990 年不变价）。改革开放近 40 年，顺德区经济持续快速发展，综合实力大大增强。2016 年，GDP 已经达到 2793.2 亿元，就经济总量而言，今天 1 个顺德已经相当于过去 266 个顺德（图 1-1）。

"十二五"时期，全区坚持发展为第一要务，继续保持稳定增长，整体呈现稳中有进的发展态势（图 1-2）。2012 ~ 2015 年连续四年居中国市辖区综合实力百强首位，成为中国全面小康十大示范县市之一。

GDP：亿元

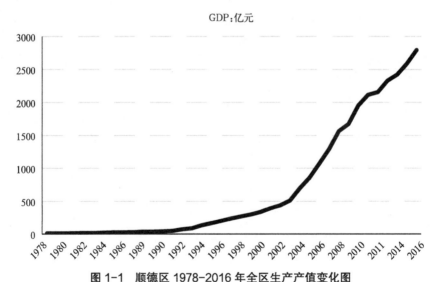

图 1-1 顺德区 1978-2016 年全区生产产值变化图

数据来源：《顺德统计年鉴 2016》、2016 年佛山市顺德区国民经济和社会发展统计公报

2. 顺德经济结构持续优化

改革开放以来，顺德在经济总量不断扩大的同时，产业结构呈现多样化，第二产业比重始终在 50% 以上，第三产业比重也在迅速增大（图 1-3）。

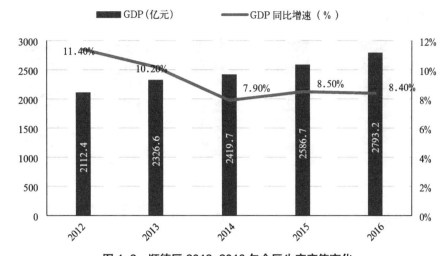

图 1-2 顺德区 2012-2016 年全区生产产值变化

数据来源:《顺德统计年鉴 2016》、2016 年佛山市顺德区国民经济和社会发展统计公报

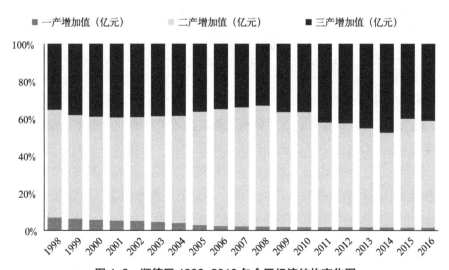

图 1-3 顺德区 1998-2016 年全区经济结构变化图

数据来源:历年顺德统计年鉴、2016 年佛山市顺德区国民经济和社会发展统计公报

从近五年的数据来看,产业结构进一步优化合理(图 1-4)。截至 2016 年,全区生产总值 2793.22 亿元,比上年增加 8.4%;第二产业增加值 1597.71 亿元,增长 7.7%;全年全部工业完成增加值 1542.81 亿元,比上年增长 7.8%。其中,规模以上工业企业完成工业增加值 1509.16 亿元,增长 7.9%。

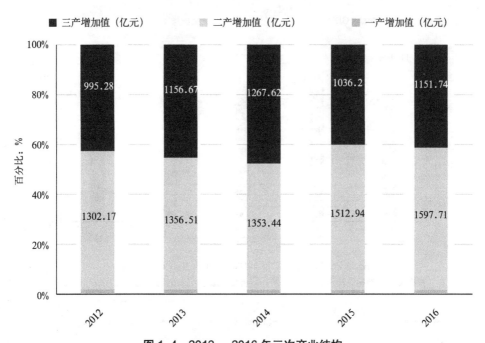

图 1-4　2012～2016 年三次产业结构

数据来源：历年顺德统计年鉴、2016 年佛山市顺德区国民经济和社会发展统计公报

3. 顺德工业实力不断加强

经过改革开放 30 多年发展，顺德工业实力逐步增强。近五年，顺德工业增速保持在 8% 左右（图 1-5），已经形成了家用电器、机械装备、电子信息、纺织服装、精细化工、包装印刷、家具制造、医药保健、汽车配件等支柱行业。新时期顺德积极引进和培育战略性新兴产业，确定新型电子信息、新能源、新材料、环保装备、生命医药、物联网等作为战略性新兴产业发展方向，成为全国首个也是唯一的国家级装备工业两化融合暨智能制造试点。

同时顺德实施创新驱动战略助力工业升级发展。开放型区域创新体系逐步健全，自主创新能力加快提升，"互联网+"和"机器代人"工作稳步推进。"十二五"期末，全区研究与发展经费支出占地区生产总值比重达到 3%，处于全省领先地位，科技进步对经济增长贡献率超 60%，每百万人口年发明专利授权量 220 件，连续20 年位居全国县域前列。

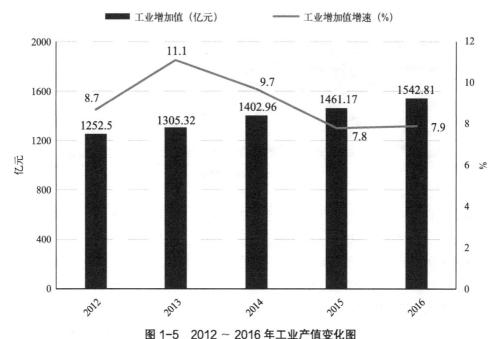

图 1-5　2012～2016 年工业产值变化图

数据来源：历年顺德统计年鉴、2016 年佛山市顺德区国民经济和社会发展统计公报

（二）顺德产业发展历史

1.以农促工，构筑顺德工业基础

改革开放前，顺德一直是广东省经济作物生产基地之一，独特的"桑基鱼塘"农业生态模式是农产品商业经济的典范，带来顺德近代缫丝行业的发展，并为改革开放后的工业化奠定了历史基础。顺德大部分属于由江河冲积而成的河口三角洲平原，境内河流纵横，水网交织，有"岭南水乡"之称。由于地势低洼，水系众多，历代农民利用低洼地深挖成塘，把挖出来的泥土堆高成基，塘里养鱼，基上种桑，桑叶摘来养蚕的副产品又拿去饲鱼，这种农业生产方式称为"桑基鱼塘"（图 1-6）。《顺德县志》记载，早在鸦片战争以前，"桑基鱼塘"就已经遍布全县，顺德也成为广东主要的蚕丝产区。

到 20 世纪 30 年代，由于西方世界爆发经济危机，加上美国人造丝的竞争，顺德的蚕丝业逐渐衰落。许多农民弃桑种蔗，并开始了榨蔗制糖。1935 年，全国最早的大型糖厂之一—顺德糖厂在大良建成，其后县内各圩镇中一批民营糖厂纷纷开办，顺德成为广东重要的制糖工业基地。同时，由于蚕丝业的衰落，很多工厂纷纷倒闭，出现了很多下岗工人。而这一时期，以新加坡、中国香港为代表的

图 1-6　顺德桑基鱼塘

南洋地区的经济正在崛起，为了获得更好的发展机会，很多顺德人选择到南洋打工、经商。而这些出去打工、经商的人群及后代中，出现了李兆基、郑裕彤、翁佑等知名企业家，这些企业家日后大都选择了回乡投资，在改革开放初期为顺德的经济发展提供了宝贵的创业资金。

顺德悠久的农业种植历史和良好的农业生产传统创造了以独特的"桑基鱼塘"农业生态模式为代表的农业商品经济，奠定了其商贸业传统。与此同时，社队组织也开始了从事工业企业的历史，开启了顺德近代工业化进程，成为顺德经济发展的起点，并催生了以后的乡镇企业的萌芽。依赖原有社队企业的基础，农村集体组织积极发展乡镇企业，成为顺德经济崛起的主导力量。这种社队组织在发达的农业生产的基础上从事工业企业生产、发展集体经济的模式，是顺德区别于珠三角其他城市的重要特征。

农转工代表案例—顺糖

广东缫丝业日渐式微，顺德大片桑基丢荒，顺德人不得不寻找新的发展机遇。适逢此时，广东农业局推广蔗糖业，从国外引进良种，在荒地上种植甘蔗，开辟制糖产业。顺德农民纷纷弃桑种蔗，蔗基鱼塘逐渐取代桑基鱼塘，大量优质甘蔗，为制糖业的发展准备了条件。从顺德制糖产业孕育出来的顺德糖厂，成为中国第一家机械化甘蔗制糖企业。 从 20 世纪三十年代到七十年代，顺糖税利占顺德财政收入 40%。

2. 放权发展，"村村点火、户户冒烟"的村镇经济格局逐步形成

改革开放前，当时的大队经济完全附属于公社经济，队级财政基本受公社级财政支配。经济体制改革后，中央加大了对地方政府的权力下放进程，以此激励

地方政府发展经济并不断进行制度创新，与此同时，顺德也开始了权力分散的过程，一直深入到最基层，构建了"市－镇－村"分权体系。

"市－镇－村"分权体制下村办工业和镇办工业成了早期顺德发展的主要动力。然而，由于不同的企业投资主体（镇、村、私人所有者）间的利益关系，及在当时乡镇企业用地管理制度下，企业通过选择不同空间范围内的用地以减小办厂成本等多因素共同作用下，镇办企业、村办企业在全市范围各自选址，分散分布。

1984 年，乡镇企业正式出现在国家文件上。而实际上，早在农业家庭联产承包责任制改革的过程中，顺德的乡镇企业就已经蓬蓬勃勃地发展起来了。到1985 年，全县工业企业增加到 5195 个，工业总产值 33.87 亿元，和 1978 年相比，分别增长 2.1 倍和 3.2 倍。其中，国有企业 45 个，产值 6.2 亿元，占全县工业总产值的 18.3%；乡镇（包括县属集体，下同）企业 5046 个，产值 27.19 亿元，占80.2%。乡镇企业在顺德工业比重早已超过"半壁江山"。

20 世纪 90 年代之前，在"放权"加上众多分散式发展动力存在的背景下，使顺德出现了村、镇两级工业区齐头并进发展的格局，镇办企业、村办企业在全市分散分布，同时激励了众多模式创新。首先，是交通先导式的发展，"路通财通"、"要想富、先修路"是当时发展经济的重要模式。沿路发展，包括沿街镇联系道路、对外道路两种基本模式发展是顺德空间发展的一个重要特征。其次是全市各个镇、村利用集资等方式开始了工业区、工业村建设，小则一间厂房几百平方米，大则上万平方米。顺德"村村点火、户户冒烟"的格局形成（图 1-7、1-8）。现阶段 204 个村中，有 249 个村级工业园区。

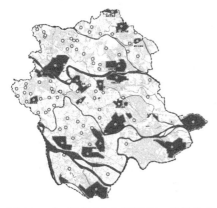

图 1-7 20 世纪 90 年代顺德工业区分布

图 1-8 1990 顺德建成区分布

3. 产镇融合，明晰特色工业集群发展态势

从 19 世纪末 20 世纪初以来，顺德大型乡镇企业的发展不仅给周边区域内其他中小企业的发展提供了契机，形成了乡镇企业与小城镇发展的良性互动。同时也通过镇域之间产业上下游联系和协作关系加强了不同街镇之间的联系，形成了以相关主导产业为核心的产业一体化区域，带来了产镇融合发展。

在镇域范围内，镇域主导工业企业为了追求外部范围经济，将很大一部分生产过程对外分包，镇域内大部分中小企业均成为本镇主导企业配套生产的分包工厂，全镇企业因此围绕少数主导企业形成了某几种工业产品的生产综合体。在主导企业与中小企业间存在生产垂直或水平联系的同时，小企业之间也较多地存在着生产的水平联系，整个镇域就是一个以主导工业企业为核心的复杂产业区，并不断地促进着城镇的发展。

在全区范围内，顺德也形成了最终产品、中间产品、原料销售为一体的产业一体化区域，产业链条稳定，周边配套完善，各企业之间相互联系，产业协作关系明显。特别是家电和家具行业已经形成了较为完整的产业链条，上下游形成了经济互动、集群优势明显的发展格局（图 1-9）。

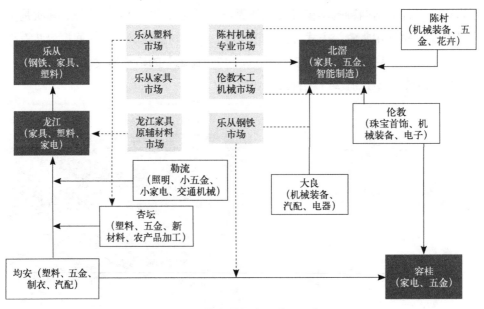

图 1-9 顺德各镇街产业联系示意图

4. 转型倒逼, 智能制造和创新设计引领新经济格局初步形成

制造业急需重塑竞争新优势。传统制造业既是落实"中国制造2025"战略部署的受益者, 又是生力军。顺德民营企业以制造业为主, 中小企业占90%以上, 主要分布在传统制造业; 且规模以上工业中民营企业增加值占比也在50%以上(见表1-1)。近年来新一代信息技术与制造技术的融合创新不断加快, 制造业面临着宏观环境复杂、市场竞争加剧、资源约束趋紧等挑战, 比较优势不断弱化, 顺德迫切需要打破对传统产业和传统发展模式的路径依赖, 积极融入产业全球化的浪潮中, 加快谋划和布局战略性新兴产业, 推动产业结构的调整和升级, 培育新的经济增长点。传统制造企业迫切需要培养和创造新的优势, 重塑和巩固市场竞争力, 向智能化改造、科技创新、绿色发展以及质量提升等方向转型升级。

2016年规模以上工业企业实现利润及其增长速度　　　　　表1-1

指标	计量单位	利润总额	比上年增长 %
规模以上工业	亿元	477.1	13.8
其中: 国有及国有控股企业	亿元	0	0
集体企业	亿元	0.01	-75
股份制企业	亿元	340.6	15.5
外商及港澳台投资企业	亿元	130.6	11
民营企业	亿元	368.9	15.3

顺德智能制造走在全国前列。在新技术和产业革命蓄势待发的环境下, 顺德在选择发展道路上站在了全国的前列, 提出把"互联网 + 智能制造"作为产业转型升级的主攻方向, 印发"互联网 +"行动计划, 提出建设智能制造产业基地, 推动产品、装备、生产、管理和服务智能化, 促进"互联网 +"新技术及新模式和理念在制造业全面普及应用。顺德走好"工业2.0"补课、"工业3.0"普及和"工业4.0"示范的发展道路, 开展智能制造发展专项行动, 实施"百企智能制造提升工程"、"机器代人"计划, 通过成立顺德市机器人应用创新中心、顺德市机器人产业创新联盟、"中国制造2025"联盟来推动顺德制造业转型升级。顺德产业发展走在全国前列, 尤其在发展机器人为主的智能装备产业方面, 顺德已走在了全省乃至全国的前列。其中数控机床与基础制造装备、智能专用装备行业工业总产值分别占了智能制造装备工业总产值的80%和16%。智能制造领域已形成以顺德区国家装备工业两化深度融合暨智能制造试点以及顺德市国家高技术产业

开发区核心区、顺德区高新技术产业开发区西部启动区广东省智能制造示范基地为主轴的布局（图1-10）。

图1-10 国家装备工业两化深度融合暨智能制造试点成果展示

顺德工业设计和科技创新能力稳步增强。协同创新步伐不断加快。以科研院所、大学和核心企业为依托，"院地联动创新"的成效明显，"校地产学研协同合作"不断拓展，有效推进了传统的产业升级和新兴产业发展。工业设计产业化逐步形成规模，工业设计专业机构和企业工业设计部门（中心）大量分布，涵盖产品设计、平面设计和结构设计等业态（图1-11）。顺德的创新资源，连同广州的上百所高等院校和科研院所都已成为支撑顺德企业研发的重要平台和宝贵资源。近年来，顺德市坚持向创新要动力、以创新添活力、靠创新增潜力，全市创新能力实现了质的提升。

图1-11 广东工业设计城

5. 小结：顺德工业发展的"三次腾飞"

顺德工业第一次腾飞，是在十一届三中全会之前的半年，冒险创造"三来一补"，撬动了中国改革开放的起始点。同时也启动了顺德县域经济一次长达6年的转型期，而后开创了连续8年的发展期，实现"两家一花（家电、家具、花卉）"产业集聚。顺德人抓住机遇，充分利用国家改革开放的大气候，结合农村改革后的实际，在地方政府积极组织、全力推动农村工业化的进程中，逐步形成了以"三个为主"著称的顺德模式，即以集体经济为主、以工业为主、以骨干企业为主发展顺德经济。

第二次腾飞到了1992年，顺德启动第二次转型。顺德审时度势，提出变旧的"三个为主"为新的"三个为主"，即以混合型经济为主，保持公有制主体地位，逐步提高非公有经济的比重；以二三产业为主，逐步提高第三产业的比重；以高技术、专业化的企业集团为主，逐步增强经济实力。同时，一场全面而深刻的顺德企业产权制度改革正式展开。经历5年，顺德分别于1992年完成企业转制（产权改革）、在1993年完成股份制改革后又完成政府转制（服务型政府），顺德迎来第二个8年的"黄金发展期"，实现八大支柱产业集群。

第三次腾飞起点是2005年，顺德人率先走出"摸着石头过河"阶段，提出"三三三"产业发展战略（即一、二、三产业协调发展，每个产业中至少要重点扶持3个以上的支柱行业，每一行业中至少要重点扶持3个以上的规模龙头企业），果断启动第三次转型，下决心进行传统产业与现代产业对接，终于以构建"现代产业之都"为契机，迎来"工业飞地"和"南方智谷"为标志的第三次发展期。而今顺德以智能制造和创新设计产业引领，以产业保护区发展规划和新一轮股份社改革的提出为标志，又将自己推到了中国经济转型的最前沿！

（三）顺德产业发展动因

剖析这一次次改革，顺德区工业经济发展机制可以总结为以下几点：

1. 改革先锋和制度厚实

顺德在每次面临发展困境之时不断创新改革谋发展，成就了如今顺德经济的辉煌。从伊始的桑基鱼塘、以农转工，再到改革开放前的"三来一补"，然后是颇具胆量的企业转制和股份社成立，直到如今的产保区规划。一系列正式制度安排的改革创新，自然起着重要的作用，然而包括观念意识在内的非正式制度安排的影响也绝对不可忽视，甚至可以说，行动者的观念在制度变迁中起着更为关键的作用。

顺德通过一次次改革，积累了丰富的制度财富，构筑了顺德本地共享的规则、惯例、对待改革开放的制度氛围，进而成为区域的制度厚实（Institutional Thickness）。随着改革开放的深入和经济的不断发展，顺德人的思想观念又逐步注入了新的内容。报酬递增和自我强化的机制，促进了内生性市场因素的快速发展，进而推动了顺德经济的繁荣。

2. 企业家精神和创新基因

进取的企业家精神在支撑顺德改革开放和经济发展的文化精神当中，是重要的支柱。顺德的企业家精神包括言论行动所体现出来的奋力拼搏、崇尚创新、敢为人先、勇担风险、自强不息的精神、胆识等。依靠进取精神，历史上一批批从内地来到顺德的移民，通过修筑堤围，开垦荒地，把一片片不毛之地变成良田沃土，闯出了"桑基鱼塘"的生态农业耕作模式，开创民间资本兴办中国民族资本主义机器缫丝工业的先河，创造了昨天顺德的辉煌。改革开放以来，顺德人的进取精神在被压抑多年之后再度如火山般迸发，并进一步发扬光大，又有力地推动了顺德的正式制度创新和社会经济发展，带来了顺德新时期的发展。

而在每一波顺德的发展改革过程中，在进取精神之上的，是这些引领改革进程的企业家们更为醒目的特质——极富创新基因。这种创新基因，是顺德企业家精神的基本底色。著名经济学家熊彼特曾如此定义企业家精神，即做别人没做过的事或是以别人没用过的方式做事的组合。顺德的企业家骨子里有了创新的基因，才能为事业持续注入新鲜的活力，才能带领企业在突破中前行，才能推动顺德实现一次又一次的发展跃迁。

3. 主体意识和乡土情结

在珠江三角洲冲积平原上，移民的源源汇聚和开发，诞生和形成了最初的顺德社会。自然条件、地理位置、人口来源、经济结构、生产方式和生活方式等多种因素的长期交互作用，形成了独特的顺德乡土文化，深刻地影响着自身的发展，也构筑了顺德人强烈的主体意识。这种主体意识在精神风貌上是自强不息，充满自信、敢为人先、不依附、不盲从、不逆来顺受、不听天由命、在思维方式上是发散性思维，不是收敛性、线性思维，凡事爱从多角度、多层次考虑；在处事原则上是与人为善、自爱爱人、平等互助、和为贵、"顺得人"。

顺德的一次次腾飞，让顺德名声在外，让顺德的企业家们对故土有更强的认同。植根于顺德的这帮企业家，一般都有浓厚的乡土情结，这些是他们可以

不断保持参与顺德发展和改革热情的动力之一。他们通过更大的社会影响力和
财力，对社会公共事务产生了更为巨大的推动作用，从而可以有效地自下而上
地推动改革。

二、镇级及以上产业空间变化

（一）镇级工业经济发展核心："一镇一品"

　　顺德的各个镇街的产业发展都有自己的特色，形成了"一镇一品，一镇一
业"的局面，大部分镇街形成了一定规模的产业集群（图1-12）。顺德发展不同
的特色产业，实施专业镇建设，全区已经形成了合理的工业布局：东部片区中大
良侧重机械装备、汽配和电器的发展；容桂侧重家电、五金等；伦教侧重珠宝首
饰、机械装备、电子、文旅等。北部片区中陈村侧重机械装备、五金、花卉等；
北滘侧重家电、五金、智能制造等；乐从侧重钢铁、家具、塑料等；龙江侧重家
具、塑料、家电等。西南片区中勒流侧重照明、小五金、小家电、交通机械等；
杏坛侧重塑料、五金、新材料、农产品加工等；均安侧重塑料、五金、制衣、汽配、
文旅等。

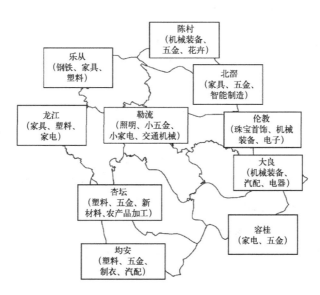

图1-12　"一镇一品"的工业集群格局

总体而言，除了大良外，各个镇镇级以上工业用地基本都低于50%，勒流、龙江在40%左右；均安、杏坛甚至低于30%（图1-13）。

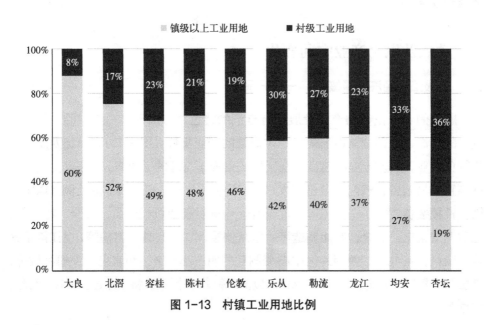

图 1-13　村镇工业用地比例

（二）镇级工业用地发展变化

1.改革开放早期：多点簇状发展，骨干企业偏好镇级工业用地

当时的顺德县政府确定了"以工业为主、以集体经济为主、以骨干企业为主"的发展战略 。在产业空间的扩展方面，由于存在着两种发展工业的力量以及多个工业发展的主体，顺德出现了村、镇两级工业区齐头并进发展的格局。由于经济利益的分配、土地使用制度上的差异，镇办企业和村办企业都倾向于在各自范围内布局。大型骨干企业由于对基础设施、生活配套环境的要求更高，倾向于在镇区范围内布局，随着企业生产规模的扩大，镇区范围不断扩大。而小型企业为了减少租用土地、厂房方面的成本，更倾向于在村级工业区布局。

2.20 世纪 80 年代中后期：围绕"马路经济"，实现多点圈层式扩张

香港与珠江三角洲的"前店后厂"模式正式形成。顺德在乡镇企业取得长足进展的基础上，逐步形成"两家一花"的产业体系，不但实现了初级工业化，城市性质也从一个传统的农业县发展成为新兴工业城市，企业也从小型、分散向大型、集团化转变 。但这一时期政府没有雄厚的资金和财力、能力进行大规

模的基础设施投资建设，市场自发依靠对外道路，发挥"马路经济"的灵活性优势，开始低成本的沿路贸易市场、工业生产点的布局，呈现出"多点圈层式蔓延"，并孕育了沿道路向外轴向扩展的趋势，成为未来顺德空间形态的主导因素。

3. 1990年代初中期：轴向延伸与圈层扩展并重，大企业主导镇级产业集群空间组织形成

受宏观调控及外部环境影响，顺德内生的传统经济发展模式暴露出新情况和新问题。为此，顺德推进了以产权制度为核心的综合改革，力争在深层次上解决体制存在的问题与缺陷。在空间上，随着美的等大企业的规模越做越大，其占地面积也逐渐向周边地区不断扩展，很多镇街的建成区面积的扩展实际上就是产业殖拓特别是大型企业在空间上向镇区周边和村不断蔓延的结果。大企业规模扩张带动了周边地区上下游配套、服务企业的发展，这些企业为了降低成本主要围绕在大型企业周围集中布局，形成所谓的"工业集群体系"。随着这些产业集群的不断发展壮大成熟，顺德原来分散的产业布局在一定程度上得到了集中，产业用地的效益也得到了一定的提高。同时，这一时期，政府职能也逐步转化到基础设施建设、社会管理和提供公共服务上来，并开始引导工业入园，并提升交易市场。

4. 2000年后：镇街分隔式蔓延格局依旧，镇级工业用地谋求扩张引进"新兴产业"

进入新世纪以来，顺德家电产业的发展逐渐成熟，开始形成家电为主，高新技术产业以及传统的家具、机械、塑料、服装等产业多元发展的格局，各镇街的主导产业也有了一定的调整。同时，由于土地资源日趋紧张，政府开始引导工业企业向工业园区集中，启动兴建了较大型的顺德科技工业园区。此外，各镇街也形成了10个镇级工业园区。在交易市场方面，开始改变原有沿路蔓延的"十里长街"式交易市场，开始向集中的"点""片"发展。尽管如此，由于空间发展方面的历史路径依赖，镇街之间仍然呈现"背对背"式的发展现象，过去累积下来的建设空间蔓延格局依旧十分突出，而新兴产业的引进，以及规模化集约工业园等项目的建设发展，正不断推进半建成区和建成区的密实化发展。

三、村级产业空间变化

（一）村域经济发展核心：农村股份合作制

1.政策默许推动靠土地的资本化推动顺德农村工业化

20世纪90年代，顺德利用大量本地和外地资金在当地投资设厂的机遇，认可集体经济组织在不改变土地所有权性质的前提下，将集体土地进行统一规划，以土地或厂房的形式出租给企业使用，打破了国家统一征地垄断农地非农化的格局，为农民利用自己的土地推进工业化留下了一定的空间。由于顺德这种农村工业化的模式，使得村域经济发展壮大，村村有工业，各村均衡发展，村域经济的发展促进了新的制度安排，土地股份制得以产生。

2.农村土地股份制正式施行导致农村土地向村级集体经济组织集中

1993年8月和1994年2月，顺德市委市政府先后出台《关于深化农村改革的决定》和《关于改革村委会建制，推行农村股份合作制的若干政策》将2000多个生产队组织合并为197个村居股份社。

农村股份合作制，打破了农户式的传统经营、组织模式，促进了农村土地使用权流转，实现了产业的多元化、规模化和集约化。土地股份制的核心理念是让农民以土地权利参与工业化，分享工业化进程中农地非农化的增值收益。具体做法是用集体土地股份社来替代原来的农户分户承包制，农地的使用权和所有权合二为一，村集体作为土地所有权的代表人重新获得土地经营权，农民按股份获得分红（图1-14）。工业化程度高、二次产业极其发达、农业劳动力大量非农化，这些因素成为土地股份合作制得以持续成功实施所不可缺少的外部条件。

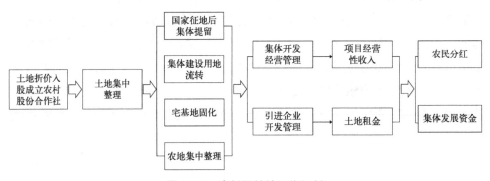

图1-14 农村股份社运作机制

随着农村土地股份制的实行，以村委会或村民小组为单位的对土地的集体经营权替代了以家庭为单位的农民土地承包权。土地使用者角色的转换，使农村土地由过去的集体所有、农民家庭分散承包变成了集体所有，集体经营。所有权与经营权的又一次统一导致了农村土地向集体经济组织的又一次集中。

3. 股权固化推动村民与村社利益深度绑定，既得利益格局难以打破

2001 年顺德提出固化农村股份合作社股权，量化股份合作社资产。其中，集体股占 20%，不得量化到个人且留作集体积累，应用于公共事务、福利事业开支，个人股占到 80%。

土地股份社运作的重要因素就是土地在集中使用后的经济价值要高于分户使用时的价值。土地股份制的推行，强化了社区农民对土地成员权的观念。随着土地的非农化和土地级差收入的不断提高，整个村社变成了一个以经营土地为目的、以分配土地收益为纽带的实体。

（二）顺德村级工业园发展变化

1. 早期村级工业园规模小，粗放发展，扮演着重要的"三级供货商"角色

由于早期企业对厂房要求低，因此顺德村级工业区中的大部分厂房，以结构简单的旧厂房为主。它们用地不够规范，用地水平、用地效益均较低。据统计，20 世纪 90 年代村级工业园大部分企业占地只有 2 ~ 5 亩，规模小、产值低。但是这些村级工业园中的许多企业是大企业零配件的重要供货商，对完善地方生产网络具有重要意义。

2. 集约工业区概念提出，推动分散的村级工业园重新布局

1998 年，顺德初步提出发展集约工业园区的设想。2000 年提出集中建设市、镇两级集约型工业区，实行工业用地集中连片开发。规划建设 17 个集约型工业区，规划用地面积 104 平方公里。对各村开发建设的小型、分散的工业区和工业用地重新进行布局和功能调整，严格限制发展，并逐步向集约性工业园区迁移。

这一阶段，提出的主要是规划建设集约工业园区，在开发中，政府为了控制和节约建设成本并营造较好的招商引资环境，征地规模过大，通平时间过早，开发建设未能及时跟上。在村级工业区的规划上提出"控制"，实行"关停并转"，造成原已部分开发的工业区剩余用地未得到及时的功能调整和有效利用。

2002 年在 1998 年提出的集约方案基础上进行了完善。提出今后工业区开发必须由镇一级按照规划，连片开发、集约建设，且只允许设置 1 ~ 2 个集约工业区，

并在规模上给出了限定，开发面积不少于 2000 亩；需进行"五通一平"（即通路、通电、通信、通水、通污、平整土地）的配套工程，并规划建设有必要的环境保护设施以及市政公共设施、生活配套设施；设立相应的管理服务机构，统一开展土地开发、环境建设、招商引资等工作，为区内企业提供无偿服务。

3. 多管齐下，促进零星村级工业园聚集发展

2001 年顺德取消村级分散建设的工业留用地指标，停止审批零星分散的非集约工业区的农用地转用，以保证土地的集约使用。在 2006 年顺德区提出，控制和整合现有低效工业用地。严格控制村级工业用地规模，调整完善村级工业用地布局，除少数符合规划、具有一定规模且土地利用集约度较高的予以保留外，对其他分散低效的村级工业用地通过关、停、并、转等方式逐步置换到规划的城镇规划工业用地（原集约工业区）范围。制订扶持优惠政策，鼓励建设多层标准厂房，引导中小企业特别是民营企业入驻以满足达不到建设用地控制指标的中小企业的发展需求，促进中小企业集聚发展。

2007 年提出针对村级工业园进行旧厂房改造，将其改造成功能配套完善的现代化工业，以实现土地集约利用以及产业集聚，达到提高土地利用率的效果。顺德计划从 2007 年到 2009 年分别进行旧厂房改造 215、520、512 万平方米，总共建筑面积达到 1247 万平方米，其中属于顺德市旧厂房改造计划的占 57.5%，改造主体为村居集体。

多种鼓励支持政策

（1）政府专项资金

顺德区政府设立"三旧"改造专项奖励和扶持资金，对积极改造并符合条件的企业或个人的奖励将超百万元。

（2）引进社会资本

采用社会资本与集体经济组织合作的方式，将已经建成或部分建成的村级工业区进行改造，摘除原有单层厂房，重新进行招商引资，提高村级用地的利用效益，用现代化高层标准示范厂房以提高其集约性。

（3）规划管制

提高工业用地的建筑密度和开发强度，控制建设单层厂房，并采取免收城市设施配套费等方式鼓励建设多层厂房。调整原来规划厂区过宽的道路和绿化带，减少不必要的公共用地，严格控制配套设施的用地比例。

（三）顺德村级工业用地发展症结

1. 村集体建设用地流转活跃，用地规划布局混乱，且整体环境较差，存在环保安全隐患

流转活跃造成"瓦片经济"盛行：随着经济发展，集体非农建设用地的流转已相当普遍，在珠三角地区，这种流转异常活跃。其基本原因是这些地区农村工业化的模式发生了根本变化，即由原来"乡村办企业、自己用土地"的模式，转变为产业用地流转、所有权与使用权分离、通过招商引资兴办企业的模式。村集体从靠办企业，经营企业赚取利润退回到纯粹依靠土地（收取地租）生存的状态。集体经济组织创办企业的动力不足。集体创办的乡镇企业纷纷改制，所剩无几。在区位条件较好的村庄，农村集体产业用地总量中，集体经济组织自用的产业用地所占部分的比重很低，绝大部分用地都已经流转，其中以出租形式最为普遍。

产业用地布局混乱：由于缺乏事先规划控制，产业用地基本沿着现状道路布局，且与村庄、农田混杂。"村村点火，户户冒烟"导致环境污染难以治理；产业门类低且在进入村庄时缺乏门槛限制和生产工艺审查；生产过程中更是缺乏有效的污染控制程序，企业就近随意排放"三废"；工业区小而散，并缺乏公共使用的污染处理设施。

基础设施配套条件差：产业和居住分散化的发展模式使得这些地区往往无法维持基本的基础设施，第三产业等城市型产业无法扎根，社会基础设施严重匮乏。工业园区开发需要巨额的基础设施资金投入，而且启动时是不盈利的，村集体经济组织显然无力配套。只有政府才可以从未来的企业税收中弥补启动资金的亏损（图1-15）。

图1-15 村级工业园区环境

2.既有利益格局不易打破，低价招商导致土地利用粗放，使用效率低下，与现行规划框架矛盾，亟待规制引导

土地的粗放利用导致土地利用低效。与顺德的工业化发展阶段相比，土地利用比较粗放，造成了极大的资源浪费。其中，大部分工业厂房以单层为主，开发的建筑密度高而容积率低。特别是农村工业点无规划的粗放发展导致集体建设用地碎片化发展。根据本次产业保护区调研中，顺德5076个工业用地面积的统计发现（图1-16），3006个工业点的面积处于0～50公顷的范围之内，工业用地面积中位数为29.79亩，达不到很多基础设施配套的门槛，导致新时期大规模的招商引资无法进入，污染治理成本也较高。

与先进地区相比，单位工业用地产出效率低。本次产保区规划梳理顺德工业用地面积为20.87万亩，即139.13平方公里，按照2016年工业增加值1542.81亿元计算，则2016年单位面积工业用地增加值为11.08亿元/平方公里。与上海、深圳等工业用地效率相对较高的城市相比，顺德工业用地效率较低。

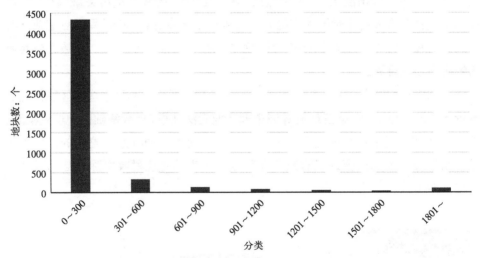

图1-16 顺德农村工业点亩产值统计散点频次图

3.工业用地空间布局分散，"碎片化"现象严重，无法有效满足经济转型与空间结构优化调整的需要

集体土地空间布局分散和碎片化现象突出。农民"离土不离乡、进厂不进城"，在家门口办企业，这无疑降低了农村工业化的进入门槛和投入成本，在就地城镇化、吸纳农村剩余劳动力、提高农民收入、改变农村落后面貌方面做出了很大贡

献，但也使乡镇企业在布局上相对分散，企业信息不灵、交通不便，阻碍了乡镇企业上规模、上水平。特别是村集体经济发展用地，由于缺乏统一协调的规划控制，致使工业零散分布于各个自然村内，"村村点火，户户冒烟"，出现了大量违章、低效用地，耕地得不到有效的保护和利用，导致土地资源的严重浪费。从镇一级的层面来看，镇村协调力度明显不足，村级建设用地失控。有些村的经济实力雄厚，与镇的工业用地项目分庭抗礼，城镇建设呈现混乱状。而在有些村内，由于早期政府征地而留下的集体经济发展用地较少，为了调高收入往往违法占地盖厂房出租，成为违法建设和抵抗执法的滋生地。

但是可供顺德将来发展的成片土地所剩无几。"空间结构调整"缺少集中做增量的空间：一是农保地指标的空间落实分散破碎；二是农村建设占地多，"宅基地固化等政策"形成用地调整的沉重包袱；三是以村镇为单元的建成区和居民点规模日益扩大，后继调整成本不断攀升。

征地赔偿标准高，城市扩张成本加大。现状土地股份社物业（土地）出租的经营方式，收益稳定，又没有风险，但其缺点是抑制城市化，农民长期依附于集体土地，缺乏提升自身素质、参与市场竞争的动力。同时，物业出租排斥劳动力，农村集体经济组织管理者一般人数很少，大部分农民难以从集体经济组织谋到一个职位，就业率低。由于农民自身缺乏参与市场竞争的能力，难以在市场中找到一份好工作，自然就"过分"关注集体土地的股红，并对政府征地进行更为激烈的抵制。

村级工业用地碎片化和低效利用根源

该现象虽有历史原因，但更大程度上还是放权背景下农村股份合作制支撑下的集体土地无序流转造成的，自20世纪末起，顺德各级政府及村集体各自为政进行招商，而流转后所带来的产权分散混杂则固化了空间碎化的局面。集体土地按照"廉价土地—吸引资本—收取租金—再开发土地—继续出租"的模式进行滚动开发，但这是一个封闭体系，由于租金水平较低，在村域经济模式下，只有不断地推出土地，才能确保农村集体经济组织收入的不断增长，从而导致土地利用粗放。再加上集体土地隐形市场的活跃，私下交易盛行，导致土地市场极为混乱，土地权属关系紊乱，即使在同一村庄内，也存在集体土地、国有土地、权属不明用地等多种问题。从土地利用类型来看，土地利用结构复杂，各种土地利用类型交错分布。城市用地和村庄用地混杂；居住用地和工业用地混杂；城市外迁工业用地和乡镇企业用地混杂；高档住宅与低矮民房混杂；各种用地彼此相互影响，相互制约。

专题 2　顺德区工业用地现状分析评估

中国科学院地理科学与资源研究所

2019 年 10 月

一、现状工业用地规模评估

（一）工业用地总规模

以顺德区国土部门提供的 2015 年工业用地现状地块为基础，根据 2017 年高分二号遥感影像（分辨率为 0.8m）解译已建成的工业用地，对比 2015 年现状地块疑似新增的工业用地区域，通过现场调研，确认已建成工业用地；确定新增工业用地的边界和用地性质。由此得出顺德区现状工业用地总规模：

顺德区已建成的现状工业用地总规模为 140.82km²（21.1 万亩）。

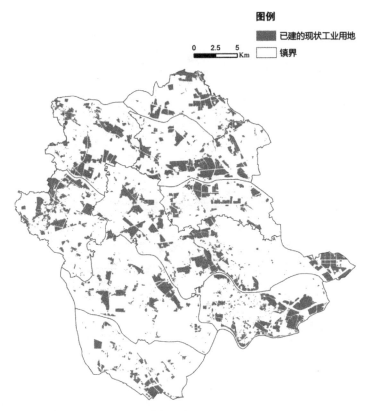

图 2-1　顺德区现状工业用地的分布

（二）工业用地规模变化

自 20 世纪 90 年代以来顺德的工业用地增长迅速。根据 1995 年、2000 年、

2005 年、2010 年及 2017 年 5 个时段的遥感数据解译，顺德各时期已建成的工业用地总量由 1995 年的 17.57km² 增加到了 2017 年的 140.82km²。

从历年工业用地规模的绝对增量来看，2005 ～ 2010 年是规模增长最多的时期，增量为 44.88km²；2000 ～ 2005 年的规模增长次之，增量为 41.67km²。自 2010 年起顺德工业用地紧张，增量降低，7 年以来增量为 18.48 km²（表 2-1、图 2-2）。

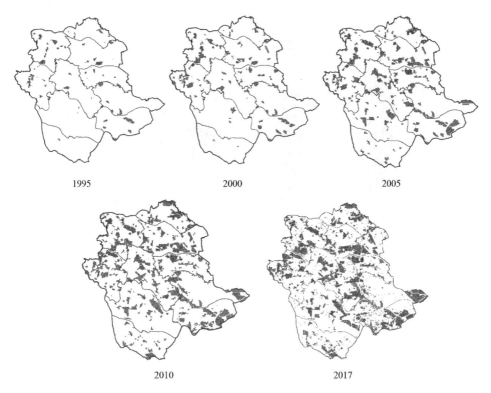

1995　　　　　　2000　　　　　　2005

2010　　　　　　2017

图 2-2　1995 ～ 2017 年顺德区工业用地扩张变化
数据来源：各时段高分遥感影像解译

顺德工业用地增长情况　　　　　　表2-1

年份	1995 年	2000 年	2005 年	2010 年	2017 年
已建工业用地规模（km²）	17.57	35.59	77.26	122.14	140.82

数据来源：遥感影像解译

从历年增速来看，1995 ～ 2000 年以及 2000 ～ 2005 年这两个五年是工业用地增长的高峰期，工业用地年均增速都超过了20%，分别高达20.52%和23.42%。2005年以来，土地日益稀缺，工业用地扩张速度开始回落，工业用地逐渐紧张。相比之前，2010～2017年顺德工业用地规模增长速度年均不到2%，工业用地总量已经接近饱和状态（图2-3）。

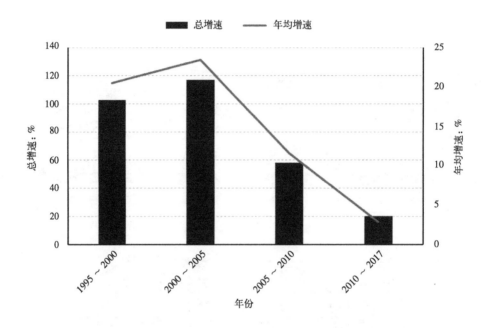

图2-3 1995～2017年顺德区工业用地增量与增速

（三）工业用地扩展方向

1.工业用地总量扩展方向

在工业用地总量扩展方向上，1995年之前，顺德工业用地建设以乐从、龙江方向为主，大良方向为辅，其他地区工业用地较少。1995～2000年，工业用地总量仍旧主要以西北方向，即乐从、龙江方向为主；东北、东南方向次之；西南方向，即杏坛、均安方向基本没有工业用地。2000年之后，则主要扩展方向转向东北、东南方向，即以陈村、北滘和大良、容桂方向为主。2005～2017年之间东南＞东北＞西北＞西南方向，即大良、容桂方向的工业用地＞北滘、陈村方向＞乐从、龙江方向＞杏坛、均安方向。伦教、勒流位于南北中轴位置，一直以来是工业用地总量和增量相对小的地区（表2-2）。

1995~2017年工业用地总量主导方向　　　　表2-2

年份	1995 年以前	1995 ~ 2000 年	2000 ~ 2005 年	2005 ~ 2017 年
主导方向	西北	西北	东南	东南
	乐从、龙江	乐从、龙江	大良、容桂	大良、容桂
次要方向	东南	东北	东北	东北
	大良、容桂	陈村、北滘	陈村、北滘	陈村、北滘

备注：勒流、伦教位于南北中轴位置

2. 工业用地增量扩展方向

从工业用地的增量方向上来看，1995 以及 2000 年以前是西北 > 东南 > 东北 > 西南方向，可知最早的工业用地扩张是从乐从和龙江开始。扩展增量最大的是 2000 ~ 2010 年，工业用地增量较多的为东南方向，表明大良和容桂在 2000 年之后进入工业用地的急速扩张期。陈村和北滘在 2000 年之后进入快速扩张期，杏坛和均安在 2005 年之后进入快速扩张期。2010 年至 2017 年总体而言乐从、龙江的工业用地增量最多，大良和容桂方向次之（表 2-3）。

1995~2017年工业用地增量主导方向　　　　表2-3

年份	2000 年以前	2000 ~ 2005 年	2005 ~ 2010 年	2010 ~ 2017 年
主导方向	西北	东南	东南	西北
	乐从、龙江	大良、容桂	大良、容桂	乐从、龙江
次要方向	东南	东北	西南	东南
	大良、容桂	陈村、北滘	杏坛、均安	大良、容桂

备注：勒流、伦教位于南北中轴位置。

二、现状工业用地建设强度

（一）工业用地总量占比

根据顺德区国土部门提供的数据，截至 2016 年底顺德区的总建设用地面积为 422.021km²，占全区总面积的 52.3%。其中根据本次规划调研，以国土部门的现状工业用地为准，应该包含已建的现状工业用地 140.82 km² 和国土部门数据中已批未建的工业用地 5.76 km²，总面积为 146.59km²，占建设用地面积的 34.74%，远远高于珠三角、长三角同级别以及邻近城市的工业用地比重。这种情

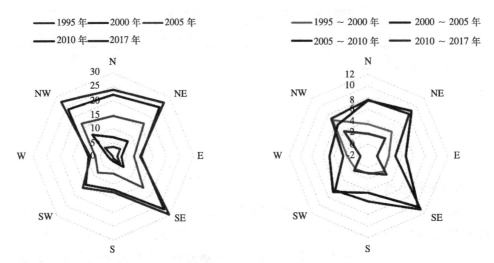

图 2-4　各年份工业用地总量扩展方向雷达图　图 2-5　各阶段工业用地增量扩展方向雷达图

况为意料之中，其他城市是一个完整的功能地域，生产生活人口可能在市域内部完全解决；顺德为以工业为主的功能地域，其生活可能由周边广州、佛山的禅城等解决（图 2-4、图 2-5）。

（二）工业用地建筑密度与高度

1. 工业用地平均建筑密度与高度

根据遥感影像解译和实地调查，顺德区已建成的现状工业用地（140.82 km²）的建筑基底面积共计 85.98km²，顺德区平均建筑密度 0.61，建筑平均高度为 6.37m。建筑密度大，但层高并不高（图 2-6、表 2-5、表 2-6）。

建筑密度与高度的关系

在一般情况下，平均建筑高度和层数愈高，建筑密度愈低。依据曾经的《城市规划定额指标暂行规定》，通常新建居住区的居住建筑密度是：4 层 12m 左右的楼区一般可按 26% 左右，5 层 15m 左右楼区一般可按 23% 左右，6 层 20m 左右的楼区不高于 20%。顺德区政府对工业用地的要求是由高密度、低层高向低密度、高层高发展。

2. 分镇街工业用地建筑密度与高度

从分镇街建筑密度来看，建筑密度最大的是勒流，建筑密度为 0.68；其次为

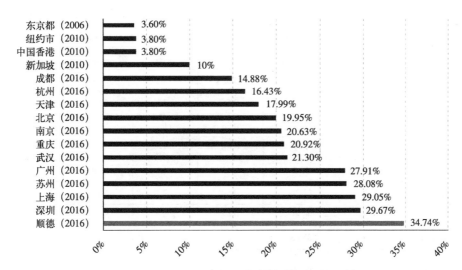

图2-6 国内外部分城市工业用地占建设用地比重

数据来源《中国城市统计年鉴》、部分学术论文

乐从和龙江,建筑密度为 0.66;建筑密度最小的是大良和均安,分别为 0.5 和 0.52;其他镇街在平均密度范围。

分街镇建筑高度来看,乐从、龙江的平均建筑高度较高,分别为 8.3m 和 7.6m;勒流、伦教、杏坛平均建筑高度较低,低于 5.5m;其他镇街在 6.3m 左右(表2-4)。

3. 工业地块建筑密度与高度

从工业用地的建筑密度来看,多数用地的密度分布在 0.7 以上,面积为 59.58km²,顺德区建筑密度非常大。建筑密度 0.5 以下的工业用地面积为 46.24 km²,事实上 0.5 建筑密度也不小。0.5 ~ 0.7 之间的为 35km²。从工业用地的建筑高度看,49.4% 的工业建筑高度为 5m 以下。其次为 5m ~ 10m,占比为 38.45%,高于 10m 和 15m 的工业建筑比例较小,均低于 10%。

已建工业用地分镇街建筑密度与高度 表2-4

	工业面积 (已建)	建筑基底面积 (km²)	建筑密度		建筑高度 (m)	
			密度	排名	高度	排名
北滘	20.04	11.74	0.59	8	6.03	6
陈村	10.13	6.24	0.62	5	6.29	4
大良	14.11	7.01	0.50	10	6.69	3

续表

	工业面积（已建）	建筑基底面积（km²）	建筑密度		建筑高度（m）	
			密度	排名	高度	排名
均安	7.63	3.98	0.52	9	6.01	7
乐从	15.45	10.19	0.66	2	8.30	1
勒流	16.75	11.33	0.68	1	5.44	8
龙江	14.92	9.92	0.66	3	7.60	2
伦教	9.54	6.02	0.63	4	5.29	10
容桂	18.79	11.24	0.60	7	6.17	5
杏坛	13.45	8.30	0.62	5	5.34	9
合计/平均	140.82	85.98	0.61	——	6.37	——

备注：
① 建筑基底面积：由2017年遥感卫星影像提取工业用地中所有相关建筑物基底轮廓得出。
② 建筑高度：由2017年遥感卫星图像人工解译其阴影长度，通过太阳和卫星的关系解译评估得出。
③ 建筑密度：建筑基底面积/本地块工业用地面积

顺德区现状工业用地建筑密度分布　　　　　　　　表2-5

密度	<0.5	0.5～0.7	>0.7	总计
面积（km²）	46.24	35	59.58	140.82
占比	32.84%	24.85%	42.31%	100%

顺德区现状工业用地建筑高度分布　　　　　　　　表2-6

高度	<5m	5～10m	10～15m	>15m	总计
面积（km²）	69.57	54.14	13.05	4.16	140.82
占比（%）	49.40%	38.45%	9.27%	2.95%	100%

4. 工业用地容积率

依照顺德实际情况，低于5m的工业建筑物总用地面积为69.57km²，占已建工业用地面积的49.4%。而根据国家标准，以8m作为工业建筑物的容积率计算，不大于8m的按照单层建筑面积计算容积率，大于8m的按照双倍，16m的为三倍计算，以此类推。本次规划也以8m一层作为标准进行建筑总面积的计算。

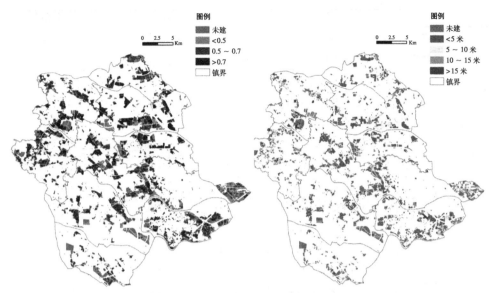

图 2-7　现状工业用地建筑密度分布图　　图 2-8　现状工业用地建筑高度分布图

工业建筑物容积率计算的国家标准

①根据国土部《工业项目建设用地控制指标》国土资发〔2008〕24号，工业建筑物层高超过8m的，在计算容积率时该层建筑面积加倍计算，意味着容积率是2倍。

②根据住房和城乡建设部《化工企业总图运输设计规范》GB 50489—2009，当建筑物层高超过8m，在计算容积率时该层建筑面积加倍计算。

③在住房和城乡建设部颁布的《建筑工程建筑面积计算规范》GB/T 50353—2013中，对住宅、商业、办公建筑的容积率计算，也分别在4.9m、5.5m和6.1m时按照双倍容积率计算。

因此，容积率不仅仅是建筑面积/用地面积，其与层高也有极大的关系。

根据以上容积率计算方法，以8m为一层计算总建筑面积（建筑基底面积×建筑层数），则顺德区的工业用地容积率为0.66。

以8m为一层计算总建筑面积的话，在各镇街，容积率较高的镇为乐从和龙江，分别为0.78和0.77；较低的为大良和均安，分别为0.54和0.56；其他镇街的容积率在0.6 ~ 0.7之间（图2-7 ~ 图2-9、表2-7）。

顺德区分镇街现状工业用地建筑层数与容积率　　　　　表2-7

	以5m一层计算			以8m一层计算			容积率分级
	建筑面积（km²）	平均层数	容积率	建筑面积（km²）	平均层数	容积率	
北滘	14.66	1.25	0.73	12.12	1.03	0.60	中
陈村	8.43	1.35	0.83	6.73	1.08	0.66	中
大良	10.02	1.43	0.71	7.64	1.09	0.54	低
均安	5.15	1.30	0.68	4.23	1.06	0.56	低
乐从	17.37	1.70	1.12	12.12	1.19	0.78	高
勒流	13.35	1.18	0.80	11.52	1.02	0.69	中
龙江	15.08	1.52	1.01	11.49	1.16	0.77	高
伦教	7.04	1.17	0.74	6.09	1.01	0.64	中
容桂	15.42	1.37	0.82	12.44	1.11	0.66	中
杏坛	9.79	1.18	0.73	8.72	1.05	0.65	中
合计	116.31	1.35	0.83	93.09	1.08	0.66	中

备注:

① 建筑层数:分别以5m和8m为平均层高估算出的单体建筑物层数。建筑高度由遥感阴影解译得出。

② 总建筑面积:建筑基底面积乘以层数。

③ 平均层数:地块总建筑面积除以总建筑基底面积。

④ 容积率:建筑基底面积占该地块面积的比例。

⑤ 容积率分级:以8m为一层作为依据,低为小于0.6,中为0.6~0.7,高位0.7及以上

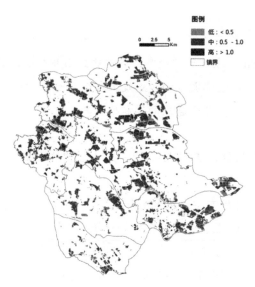

图2-9　顺德区已建的现状工业用地容积率分布

备注:以8m为一层计算建筑总面积和容积率

三、现状工业用地等级与权属

（一）工业园区等级

　　顺德的工业园区等级可以分为国家级、省级、镇级以及村级。根据顺德区城市更新中心提供的顺德区城市更新中心《顺德区各类开发区名称与用地范围》，结合本次调研成果的 140.82 km² 的现状工业用地总规模，镇级以上已建的现状工业用地面积为 62.45 km²，占比为 44.35%，村级现状工业用地面积为 78.37 km²，占比为 55.65%（图 2-10）。

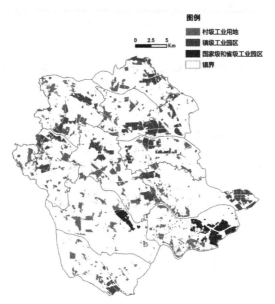

图 2-10　顺德区现状工业用地等级分布
数据来源：顺德区城市更新中心《顺德区各类开发区名称与用地范围》

　　分镇街情况：
　　（1）村级工业用地绝对面积大的镇街为：杏坛（10.12km²）、勒流（10.18km²）、乐从（9.62km²）、龙江（9.69km²）、容桂（8.43km²）。村级工业用地绝对面积较小的镇街有伦教（4.64km²）、均安（5.11km²）、陈村（5.99km²）、大良（6.09km²）。
　　（2）村级工业用地比重高的的镇街为：杏坛（75.24%）、均安（66.97%）、龙江（64.95%）、乐从（62.23%）、勒流（60.78%）、陈村（59.13%），占比均超过

50%；比重较低的镇街有北滘（42.47%）、大良（43.16%）、容桂（44.84%）、伦教（48.69%）见图2-11。

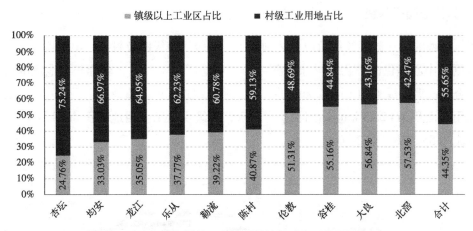

图2-11　顺德区村级工业园区及镇级以上工业园区比重

（二）工业用地权属

根据顺德区国土部门提供的宗地信息数据，现状工业用地中存在国有用地、集体用地，还有一部分权属因历史档案原因未能全部确认每宗土地的权属信息，因此为空白信息(表2-8、表2-9、图2-12)。但是可以确认的是，现状工业用地当中，国有工业用地的比例已经超过50%，顺德区工业用地以国有用地为主。

顺德区分街镇工业园区等级　　　　　　　　　表2-8

镇街	国家、省级工业区面积（km^2）	镇级工业区面积（km^2）	村级工业用地面积（km^2）	总计（km^2）
大良	0	8.02	6.09	14.11
容桂	10.37	0	8.43	18.8
伦教	0	4.89	4.64	9.53
勒流	0	6.57	10.18	16.75
北滘	0	11.53	8.51	20.04
龙江	0	5.23	9.69	14.92
杏坛	3.33	0	10.12	13.45
陈村	0	4.14	5.99	10.13
乐从	0	5.84	9.62	15.46
均安	0	2.52	5.11	7.63
总计	13.7	48.75	78.37	140.82

顺德分街镇的工业用地权属构成（km²）　　　　　　表2-9

镇街	国有用地	集体用地	空白权属	总计
大良	11.78	-	2.33	14.11
容桂	10.93	3.43	4.44	18.79
伦教	8.01	-	1.53	9.54
勒流	8.74	-	8.01	16.75
北滘	10.67	-	9.37	20.04
龙江	6.25	-	8.67	14.92
杏坛	3.97	0.59	8.89	13.45
陈村	6.69	-	3.44	10.13
乐从	4.23	-	11.22	15.45
均安	3.70	3.93	-	7.63
总计	74.97	7.95	57.90	140.82

备注：空白权属因20世纪90年代土地未登记入数据库，暂未确认其权属信息

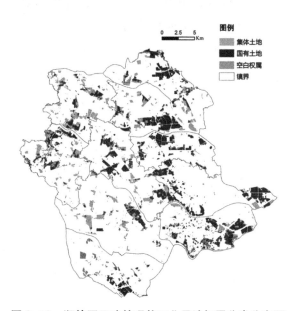

图2-12　顺德区已建的现状工业用地权属分类分布图

四、顺德区工业用地可用潜力

（一）工业用地潜力总量

根据顺德区国土部门和规划部门的数据来源，结合遥感对已建设工业用地的

解译和现场调研，如果以批文作为依据，可分类确定 4 类工业用地规模（表 2-10）：

顺德区工业用地构成（2017）（以批文作为依据）　　表2-10

	已批已建	已批未建	未批已建	未批未建（批文）	总计
面积（km²）	124.38	18.48	16.44	2.03 （以合同层计算未批未建为 14.75）	161.33
占比	77.10%	11.46%	10.19%	1.26%	100%

备注：根据顺德区国土部门提供的宗地数据[包含已批和未批用地（批文为准）]，并根据2017年遥感影像解译已建，与城乡规划确定的未建部分，两者进行叠加分析，得出四类用地。其中，城乡规划只是已批复的顺德区总体规划和已批复的控规叠合后的工业用地地块

(二) 工业用地潜力空间分布

如果以合同作为依据，在 2017 年工业用地总规模中有城乡规划中确定的未批未建的用地面积 14.18km²，也有工业园区中的未批未建用地 3.41km²，两者有重叠部分，因此未批未建的用地总量为 14.75km²，占全区总工业用地总量的 9.14%。但是都零星、分散分布，因此可用的工业用地比较紧张（图 2-13、图 2-14）。

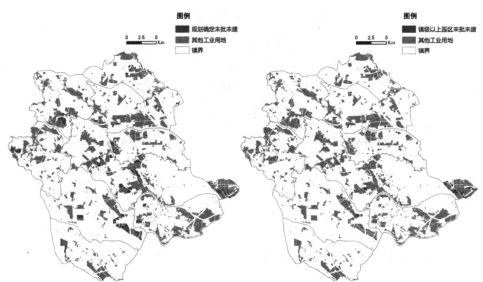

图 2-13　城乡规划确定的未批未建工业用地　　图 2-14　工业园区内的未批未建工业用地
　　　　　（以合同为准，非批文）　　　　　　　　　　（以合同为准，非批文）

五、现状工业用地产出效益

(一) 工业用地总效益

2016 年，顺德区完成工业增加值为 1597.71 亿元，产值按照已建的现状工业用地 140.82km² 计算，地均工业增加值约 11.4 亿元 /km²（约 66 万元 / 亩），2016 年工业产值为 7368.37 亿元，地均工业产值为 52.4 亿元 / km²（约 786.2 万元 / 亩），与深圳相比有一定的距离（表 2-11）。

与深圳的工业用地地均产出的比较　　　　　　　　　　　　表2-11

	工业用地面积（km²）	工业增加值（万元）	地均工业增加值（亿元 /km²）
福田	2.99	1802802	60.29
罗湖	1.46	618489	42.36
南山	16.81	19201409	114.23
盐田	0.82	589775	71.92
宝安	104.73	25305839	24.16
龙岗	104.73	19911530	19.01
深圳平均	274.15	70004300	25.54

宝安区：包括新宝安区、光明新区、龙华新区；
龙岗区：包括新龙岗区、坪山新区、大鹏新区；
数据来源：2016年深圳统计年鉴

(二) 工业园区用地效益

根据国土资源部发布的《国家级开发区土地集约利用评价情况通报（2016 年度）》，国家级开发区综合容积率为 0.91，建筑密度为 31.46%，工业用地综合容积率为 0.87。工业用地地均税收、综合地均税收达到 602.57 万元 /hm²、609.22 万元 /hm²。顺德区国家级和省级园区各 1 个，镇级园区 15 个。

从 17 个镇级以上的工业园区的用地经济效益看来，北滘、大良、陈村的工业园区用地效益较高（表 2-12）。

从 17 个镇级以上的工业园区开发建设强度数据看来，容积率较低，平均以 1 层高度为主（表 2-13）。

17个镇级以上工业园区的用地经济效益　　表2-12

园区名称	规模以上企业个数		规模以上总产值（亿元）		税收（万元）
	工业企业	全部企业	工业企业	全部企业	全部企业税收
北滘集约工业区	58	66	125.76	1634.58	173.82
容桂高新技术开发区	131	145	275.66	283.84	124.37
顺德工业区	52	59	91.82	106.32	18.88
陈村广隆集约工业区	27	29	85.23	85.84	15.97
北滘碧江集约工业区	38	40	78.80	79.21	9.23
勒流黄连集约工业区	36	36	47.61	47.61	27.84
杏坛集约工业区	30	33	39.40	43.59	13.23
凤翔工业区	34	50	28.95	36.15	10.93
勒流富安集约工业区	32	32	33.40	33.40	19.87
乐从细海集约工业区	10	19	20.21	28.19	2.36
陈村岗北集约工业区	9	13	8.31	25.40	4.68
伦教集约工业区	30	34	23.73	24.57	12.74
均安畅兴集约工业区	33	35	22.66	23.32	12.06
龙江三联集约工业区	18	19	14.88	15.17	3.10
龙江大坝集约工业区	13	18	12.66	13.70	11.61
伦教世龙集约工业区	15	17	8.11	10.10	15.26
乐从北围集约工业区	1	3	0.41	1.22	1.12

17个工业园区的工业用地建设开发强度　　表2-13

园区名称	已建工业用地面积（km²）	建筑面积（km²）	容积率	平均层数（8m 一层）	建筑密度	平均高度（m）
北滘集约工业区	8.31	4.82	0.58	1.04	0.56	6.42
容桂高新技术开发区	10.37	6.70	0.65	1.18	0.55	7.81
顺德工业区	5.92	2.74	0.46	1.14	0.41	8.17
陈村广隆集约工业区	2.70	1.72	0.64	1.11	0.57	7.20
北滘碧江集约工业区	3.23	2.35	0.73	1.01	0.72	5.02
勒流黄连集约工业区	4.15	3.25	0.78	1.01	0.78	5.31
杏坛集约工业区	3.33	2.09	0.63	1.07	0.59	6.09
凤翔工业区	2.11	1.21	0.57	1.06	0.54	6.72
勒流富安集约工业区	2.42	1.32	0.54	1.00	0.54	5.43
乐从细海集约工业区	2.90	2.07	0.71	1.16	0.62	8.02

续表

园区名称	已建工业用地面积（km²）	建筑面积（km²）	容积率	平均层数（8m一层）	建筑密度	平均高度（m）
陈村岗北集约工业区	1.42	0.98	0.69	1.22	0.57	8.00
伦教集约工业区	3.36	2.39	0.71	1.00	0.71	5.77
均安畅兴集约工业区	2.52	1.23	0.49	1.05	0.46	7.58
龙江三联集约工业区	1.92	1.40	0.73	1.19	0.61	8.85
龙江大坝集约工业区	3.31	2.38	0.72	1.14	0.63	8.40
伦教世龙集约工业区	1.54	0.95	0.62	1.01	0.62	5.58
乐从北围集约工业区	2.94	2.71	0.92	1.31	0.70	8.82

（三）规模以上工业企业用地效益

由于现状用地的地块划分不是以企业用地权属为依据，而是以道路、河流等自然分割为依据，因此，企业的注册地块、研发地块、生产地块可能分布在不同的工业用地上。无法用企业数据计算地块的用地效益。规模以上产值大于20亿元的工业企业多集中在东部105国道沿线，总产值小于1亿元的工业企业则散布于北部或西南片区。

落在已建现状工业用地上的分镇街规模以上工业企业总产值　　　　表2-14

镇街	规模以上工业企业个数	规模以上工业企业总产值（亿元）	规模以上工业企业注册资本总数（亿元）
北滘	171	1646.42	95.35
容桂	248	717.65	50.21
大良	171	277.72	65.48
勒流	183	256.70	15.45
龙江	120	206.96	39.88
伦教	111	203.68	21.90
陈村	100	185.93	26.19
杏坛	100	116.17	16.74
均安	115	57.85	6.01
乐从	37	45.59	8.58
总计	1356	3714.68	345.78

备注：

① 规模以上企业有172个因更名、注销、地图位置有误、地址不清等原因无法落图。

② 在顺德区统计部门提供的数据结构中，有44家规模以上工业企业产值为0

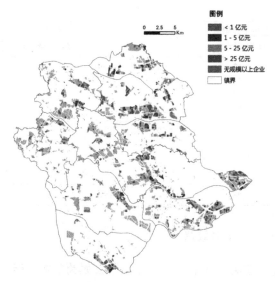

图 2-15　顺德区规模以上工业企业总产值的空间分布（按地块，误差 50m）

数据来源：顺德区发展规划与统计局

（四）规模以上工业企业产出效益

1. 规模以上企业数量在减少

根据顺德区统计部门提供的数据，顺德区规模以上工业企业数量和总产值在减少，从 2014 年的 1709 家减少到 2016 年共 1528 家。工业总产值则由 2014 年的 4847.38 亿减少到 2016 年的 4292 亿。

顺德区规模以上工业企业简况　　　　　　　　　　　　　表2-15

	工业企业数（个）	规模以上工业企业总产值（亿元）
2014 年	1709	4847.38
2015 年	1671	3879.06
2016 年	1528	4291.86

2. 工业企业两极分化，呈现产值长尾效应

2016 年，其中前 10 名的工业企业完成累计工业总产值总计 2384.14 亿元，贡献了规模以上企业总产值的 55.6%；排名前 20 名的工业企业完成工业总产值总计 2659.78 亿元，贡献了规模以上企业总产值的 62.56%，并占当年顺德规模以上工业总产值的近 40%（表 2-16）。其呈现出明显的长尾效应（图 2-16）。

134

顺德区产值排名前20位的规模以上工业企业（2016年）　　　　表2-16

排名	详细名称
1	美的集团股份有限公司
2	海信科龙电器股份有限公司
3	广东格兰仕集团有限公司
4	广东联塑科技实业有限公司
5	广东万和集团有限公司
6	广东东菱凯琴集团有限公司
7	佛山裕顺福首饰钻石有限公司
8	广东科达洁能股份有限公司
9	广东美芝精密制造有限公司
10	佛山市顺德海尔电器有限公司
11	广东富华工程机械制造有限公司
12	广东精艺金属股份有限公司
13	佛山市顺德区顺达电脑厂有限公司
14	浦项（佛山）钢材加工有限公司
15	广东万家乐燃气具有限公司
16	广东盈然木业有限公司
17	广东松下环境系统有限公司
18	广东德美精细化工股份有限公司
19	佛山宝钢不锈钢加工配送有限公司
20	广东本邦电器有限公司

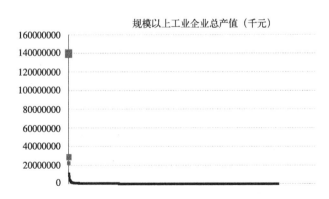

图 2-16　规模以上工业企业产值分布散点图

　　但与此同时，也可以反映顺德工业企业的极化效应。在39247个工业制造业企业中，规模以上工业企业偏少，且有大量产值偏低的工业企业形成显著的长尾效应。

六、现状工业用地优势产业类型空间

（一）工业用地优势产业分布

按照顺德区工商部门提供的企业注册地址、注册资本和行业分类代码来进行计算，全区共有 171812 个企业有效注册地址，其中，工业制造业企业 39247 个，对这些企业在 GIS 中进行 Geographic Coding 地址匹配入图，并落到现状工业用地上，以每个行业的注册资本总数作为本地块的优势产业进行分析，误差范围为50m（表 2-17、图 2-17）。

在已建成的现状工业用地上，以纺织服装为代表的劳动密集型产业占据了半壁江山，主要分布在龙江、均安和杏坛；以化学制品制造和机械装备制造为代表的资金密集型产业主要分布在陈村、北滘和容桂；以电气及电子信息制造为代表的兼具劳动密集和技术密集型特征的产业主要分布在北滘和容桂。分镇街形成了一定规模的产业集群，大体形成了"一镇一品，一镇一业"的局面（图 2-18、图 2-19）。

全部落图企业个数一览表　　　　　　　　　　　　表2-17

镇街	全区范围		在已建工业用地上	
	已落图企业总数	工业制造业企业个数	已落图企业总数	工业制造业企业个数
大良街道	26555	2667	3988	1453
容桂街道	28100	7743	8787	4689
伦教街道	9956	2470	2671	1481
勒流街道	13430	4955	5504	3281
北滘镇	16325	3850	5523	2609
龙江镇	19146	5520	7683	3570
杏坛镇	10108	3310	3631	2170
陈村镇	10271	2062	3034	1164
乐从镇	29451	3782	12083	2341
均安镇	8470	2888	2320	1323
总计	171812	39247	55224	24081
备注	全产业	工业制造业国标分类 13-43。	全产业	工业制造业国标分类 13-43。

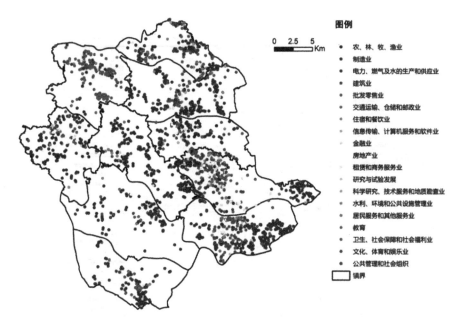

图例

- 农、林、牧、渔业
- 制造业
- 电力、燃气及水的生产和供应业
- 建筑业
- 批发零售业
- 交通运输、仓储和邮政业
- 住宿和餐饮业
- 信息传输、计算机服务和软件业
- 金融业
- 房地产业
- 租赁和商务服务业
- 研究与试验发展
- 科学研究、技术服务和地质勘查业
- 水利、环境和公共设施管理业
- 居民服务和其他服务业
- 教育
- 卫生、社会保障和社会福利业
- 文化、体育和娱乐业
- 公共管理和社会组织
- 镇界

图 2-17　规模以上企业分布图

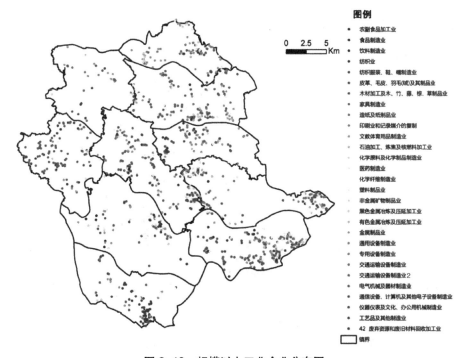

图例

- 农副食品加工业
- 食品制造业
- 饮料制造业
- 纺织业
- 纺织服装、鞋、帽制造业
- 皮革、毛皮、羽毛(绒)及其制品业
- 木材加工及木、竹、藤、棕、草制品业
- 家具制造业
- 造纸及纸制品业
- 印刷业和记录媒介的复制
- 文教体育用品制造业
- 石油加工、炼焦及核燃料加工业
- 化学原料及化学制品制造业
- 医药制造业
- 化学纤维制造业
- 塑料制品业
- 非金属矿物制品业
- 黑色金属冶炼及压延加工业
- 有色金属冶炼及压延加工业
- 金属制品业
- 通用设备制造业
- 专用设备制造业
- 交通运输设备制造业
- 交通运输设备制造业2
- 电气机械及器材制造业
- 通信设备、计算机及其他电子设备制造业
- 仪器仪表及文化、办公用机械制造业
- 工艺品及其他制造业
- 42 废弃资源和废旧材料回收加工业
- 镇界

图 2-18　规模以上工业企业分布图

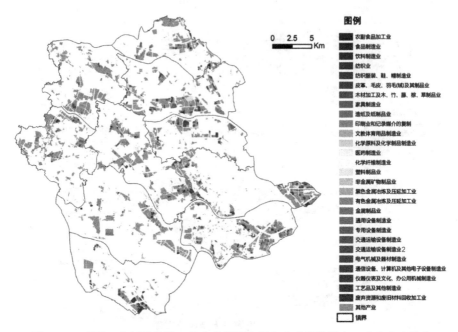

图例

农副食品加工业
食品制造业
饮料制造业
纺织业
纺织服装、鞋、帽制造业
皮革、毛皮、羽毛(绒)及其制品业
木材加工及木、竹、藤、棕、草制品业
家具制造业
造纸及纸制品业
印刷业和记录媒介的复制
文教体育用品制造业
化学原料及化学制品制造业
医药制造业
化学纤维制造业
塑料制品业
非金属矿物制品业
黑色金属冶炼及压延加工业
有色金属冶炼及压延加工业
金属制品业
通用设备制造业
专用设备制造业
交通运输设备制造业
交通运输设备制造业2
电气机械及器材制造业
通信设备、计算机及其他电子设备制造业
仪器仪表及文化、办公用机械制造业
工艺品及其他制造业
废弃资源和废旧材料回收加工业
其他产业
镇界

图 2-19　现状工业用地优势工业产业类型空间分布（规模以上工业企业产值）

（二）工业园区优势产业分布

根据 Geographic Coding 的结果，（图 2-20 ～图 2-23）。

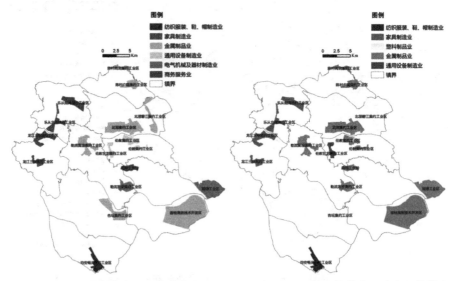

图 2-20　园区优势产业（注册资本）　　图 2-21　园区优势产业（企业数量）

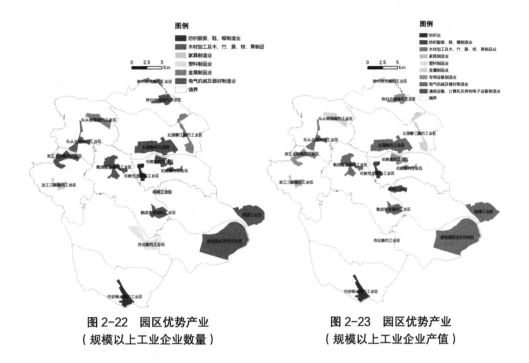

图 2-22 园区优势产业
（规模以上工业企业数量）

图 2-23 园区优势产业
（规模以上工业企业产值）

从全部企业注册资本和数量来讲，顺德各工业园区当中的产业主要以纺织服装鞋帽制造业、家具制造业、塑料制品业、通用设备业为主。其中大良的凤翔工业园区、乐从细海集约工业园以商务服务业企业为主。

从规模以上工业企业的数量和产值来讲，电气机械和器材制造业占据了顺德区工业园区的半壁江山。纺织服装、金属制品、塑料制品在工业园区中次之。

从工业园区的优势产业表可以看出，从企业数量上来讲，有色金属和金属制品业的企业数量相当多，但是从规模以上企业的产值来讲，各园区电气制造业产值最高（表 2-18）。

各工业园区优势产业一览表   表2-18

工业园区	全部企业		规模以上工业企业					
	注册资本	企业数量	2016 规模以上工业企业数量			2016 规模以上工业企业产值		
	优势制造业	优势制造业	优势制造业1	优势制造业2	优势制造业3	优势制造业1	优势制造业2	优势制造业3
北滘碧江集约工业园区	塑料制品	金属制品	金属制品	塑料制品	农副食品加工	金属制品	塑料制品	电气制造

续表

工业园区	全部企业		规模以上工业企业					
	注册资本	企业数量	2016 规模以上工业企业数量			2016 规模以上工业企业产值		
	优势制造业	优势制造业	优势制造业 1	优势制造业 2	优势制造业 3	优势制造业 1	优势制造业 2	优势制造业 3
北滘集约工业园区	金属制品	金属制品	电气制造	专用设备制造	金属制品	电气制造	塑料制品	家具制造
陈村岗北集约工业园区	金属制品	金属制品	金属制品	非金属	通用设备	金属制品	非金属	通用设备
陈村广隆集约工业园区	金属制品	金属制品	专用设备制造	电气制造	通用设备	电气制造	金属制品	塑料制品
凤翔工业园区	金属制品	商务服务	电子设备制造	电气制造	金属制品	塑料制品	电子设备制造	电气制造
均安畅兴集约工业园区	纺织	纺织	纺织	纺织	电气制造	纺织	电气制造	金属制品
乐从北围集约工业园区	家具制造	家具制造	木材加工及制品	——	——	木材加工及制品	——	——
乐从细海集约工业园区	家具制造	商务服务	金属制品	家具制造	电子设备制造	金属制品	家具制造	电子设备制造
勒流富安集约工业园区	金属制品	电气制造	电气制造	文教体育用品制造	塑料制品	电气制造	塑料制品	电子设备制造
勒流黄连集约工业园区	金属制品	金属制品	电气制造	塑料制品	金属制品	电气制造	金属制品	塑料制品
龙江大坝集约工业园区	家具制造	家具制造	专用设备制造	饮料制造	电气制造	电气制造	化学纤维制造	家具制造
龙江三联集约工业园区	家具制造	家具制造	家具制造	纺织	纺织	家具制造	皮革类加工	纺织
伦教集约工业园区	金属制品	通用设备	专用设备制造	纺织	文教体育用品制造	电气制造	专用设备制造	金属制品
伦教世龙集约工业园区	通用设备	通用设备	纺织	农副食品加工	金属制品	纺织	电子设备制造	电气制造
容桂高新技术开发区	金属制品	金属制品	电气制造	塑料制品	通用设备	电气制造	金属制品	塑料制品
顺德工业园区	金属制品	电气制造	电气制造	塑料制品	电子设备制造	电气制造	塑料制品	化学原料及制品制造
杏坛集约工业园区	塑料制品	金属制品	塑料制品	电气制造	纺织	塑料制品	纺织	金属制品

备注：各产业为简称

（三）各镇街优势产业分布

我们发现，如果从企业注册资本和数量看，顺德金属制品企业非常多，规模大，但是按照产值来讲，电气制造业产值非常高。这表明大量的金属制品企业作为下游配套产业和零配件供应商，为上游产业电气制造业提供配套服务（表2-19、表2-20）。

各镇街规模以上工业制造业中优势产业前3名　　　　表2-19

	按规模上工业企业产值			按规模上工业企业数量		
	优势产业1	优势产业2	优势产业3	优势产业1	优势产业2	优势产业3
大良	电气制造	金属制品	木材加工及木竹藤棕草制品	电气制造	金属制品	木材加工及木竹藤棕草制品
容桂	电气制造	通用设备制造	塑料制品	电气制造	塑料制品	通用设备制造
伦教	文教体育用品制造	电子设备制造	电气制造	电气制造	电子设备制造	文教体育用品制造
勒流	电气制造	金属制品	塑料制品	电气制造	塑料制品	金属制品
北滘	电气制造	金属制品	塑料制品	电气制造	塑料制品	金属制品
龙江	塑料制品	家具制造	电气制造	家具制造	电气制造	塑料制品
杏坛	电气制造	塑料制品	金属制品	塑料制品	电气制造	金属制品
陈村	专用设备	有色金属	金属制品	金属制品	专用设备	有色金属
乐从	金属制品	交通运输设备	黑色金属	金属制品	交通运输设备	黑色金属
均安	纺织服装	交通运输设备	电气制造	纺织服装	电气制造	交通运输设备

各镇街全产业中优势产业前3名　　　　表2-20

镇街	全产业					
	按注册资本			按企业数量		
	优势产业1	优势产业2	优势产业3	优势产业1	优势产业2	优势产业3
大良	金属制品	塑料制品	机动车、电子产品和日用品修理业	商务服务	金属制品	塑料制品
容桂	金属制品	塑料制品	电气制造	金属制品	电气制造	塑料制品
伦教	金属制品	通用设备	塑料制品	通用设备	金属制品	专用设备制造
勒流	金属制品	塑料制品	电气制造	金属制品	电气制造	塑料制品
北滘	塑料制品	金属制品	商务服务	金属制品	塑料制品	电气制造

续表

镇街	全产业					
	按注册资本			按企业数量		
	优势产业 1	优势产业 2	优势产业 3	优势产业 1	优势产业 2	优势产业 3
龙江	家具制造业	金属制品	机动车、电子产品和日用品修理业	家具制造	金属制品	商务服务
杏坛	塑料制品	金属制品	渔业	塑料制品	金属制品	电气制造
陈村	金属制品	农业	林业	金属制品	通用设备	电气制造
乐从	家具制造	装卸搬运和运输代理业	金属制品	家具制造	道路运输业	商务服务
均安	纺织业	塑料制品业	金属制品	纺织业	电气制造	金属制品

备注：各产业为简称

专题 3　顺德区工业用地规模需求预测

中国科学院地理科学与资源研究所

2019 年 10 月

一、工业经济需求预测方法

根据表 3-1 中顺德工业发展现状，可以测算出 2020 年、2030 年、2040 年顺德工业的发展目标，并结合单位工业用地产值变化情况，预测工业用地规模。

2012~2016顺德主要经济指标　　　　　　　　　　　　　　　　表3-1

指标	2012	2013	2014	2015	2016
GDP（亿元）	2338.79	2556.78	2764.98	2587.45	2793.22
一产增加值（亿元）	41.34	43.6	43.92	38.31	43.77
二产增加值（亿元）	1302.17	1356.51	1353.44	1512.94	1597.71
三产增加值（亿元）	995.28	1156.67	1267.62	1036.2	1151.74
工业增加值（亿元）	1252.5	1305.32	1402.96	1461.17	1542.81
工业增加值增速（%）	8.7	11.1	9.7	7.8	7.9

按照线性趋势外推法进行顺德工业发展状况预测,以95%的置信区间确定上、下区间值，测算出来 2020 年、2030 年、2040 年的结果如图 3-1 所示，到 2040 年最高仅 3358.08 亿元，整体估值偏低。

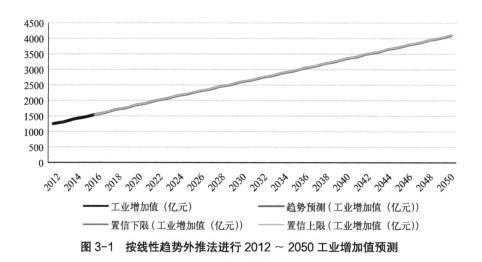

图 3-1　按线性趋势外推法进行 2012 ~ 2050 工业增加值预测

按照情境分析法，根据不同发展时期设置不同的增长率。根据顺德"十三五"

国民经济和社会发展纲要中提出的目标，GDP增速要达到7.5%以上。而根据
2016年的发展情况来看，基本保持了这个增速。因此设定两个情境：

乐观情境：2016～2020增速为8%；2021～2030为7.5%；2031～2040为7%；

保守情境：2016～2020增速为7.5%；2021～2030为7%；2031～2040为6.5%；

根据不同情境进行的经济预测　　　　　　　　　　　　　　　表3-2

年份	工业增加值 乐观情境（亿元）	工业增加值 保守情境（亿元）
2020	2098.98	2089.26
2030	4326.06	4305.93
2040	8510.01	8082.83

根据本次产保区规划梳理顺德工业用地面积为21.12万亩，即140.82km²，
按照2016年工业增加值1542.81亿元计算，则2016年单位面积工业用地增加值
为10.96亿元/km²（按11亿元/km²计算）。比对工业用地效率相对较高的城市，
顺德工业用地效率较低，因此支撑这样的工业发展规模不能单纯依靠增加供地面
积（既不经济也不现实），则按照单位面积工业用地增加值每年0.8亿元/km²的
效率提升至2020年，按1.5亿元/km²的效率提升至2040年，可预测出对应年的
工业用地效率：

顺德工业用地单位产出效率预测　　　　　　　　　　　　　　表3-3

年份	2016	2020	2030	2040
单位面积工业用地增加值（亿元/km²）	11	14.2	39.2	54.2

由此推算出乐观经济情境且用地效率递增的预测、保守经济情境且用地效率
递增预测两种不同情境下的顺德工业用地规模（详见表3-4，转化成为单位亩计
算更为直观）：

顺德工业用地单位产出效率预测　　　　　　　　　　　　　　表3-4

年份	2020	2030	2040
乐观经济情境且用地效率递增的预测（%）	22.16	26.05	25.50
保守经济情境且用地效率递增预测（%）	22.07	25.88	22.71

二、人均工业用地规模方法

先用线性趋势外推法进行常住人口预测，再根据人均工业用地用量，来测算得到 2020 年、2030 年、2040 年的工业用地规模（表 3-5）。

按线性趋势外推法进行常住人口预测　　　　　　　　　　表3-5

年份	常住人口（万人）	趋势预测常住人口（万人）	置信下限常住人口（万人）	置信上限常住人口（万人）
2011	247.34	—	—	—
2012	248.38	—	—	—
2013	249.34	—	—	—
2014	251.00	—	—	—
2015	253.53	—	—	—
2016	254.47	—	254.47	254.47
2017	—	256.1242361	255.05	257.20
2018	—	257.6768752	256.48	258.88
2019	—	259.2295143	257.91	260.55
2020	—	260.7821534	259.36	262.20
2021	—	262.3347924	260.81	263.86
2022	—	263.8874315	262.27	265.50
2023	—	265.4400706	263.74	267.14
2024	—	266.9927097	265.20	268.78
2025	—	268.5453488	266.67	270.42
2026	—	270.0979878	268.15	272.05
2027	—	271.6506269	269.63	273.67
2028	—	273.203266	271.11	275.30
2029	—	274.7559051	272.59	276.92
2030	—	276.3085441	274.07	278.55
2031	—	277.8611832	275.56	280.16
2032	—	279.4138223	277.04	281.78
2033	—	280.9664614	278.53	283.4
2034	—	282.5191004	280.02	285.01

续表

年份	常住人口 （万人）	趋势预测常住人口 （万人）	置信下限常住人口 （万人）	置信上限常住人口 （万人）
2035	—	284.0717395	281.52	286.63
2036	—	285.6243786	283.01	288.24
2037	—	287.1770177	284.5	289.85
2038	—	288.7296567	286	291.46
2039	—	290.2822958	287.49	293.07
2040	—	291.8349349	288.99	294.68

　　按照国标人均工业用地 10～25m² 进行计算得到顺德区年工业用地面积。从表格结果来看，整体用地面积偏小，与实际不符（表 3-6）。

按国际人均工业用地标准预测结果　　　　　　表3-6

年份	常住人口（人）	按人均工业用地 （10 平方米预测（万亩））	按人均工业用地 （25 平方米预测（万亩））
2020	2607822	3.9	9.7
2030	2763085	4.1	10.4
2040	2918349	4.4	10.9

　　按 2016 年全市常住人口 254.47 万和工业用地总面积（已建的现状工业用地）为 140.82km² 计算，则顺德人均工业用地面积为 55m²，假定因工业用地效率提高，每年下降到 0.5m²，则（表 3-7）：

按顺德实际人均工业用地标准预测结果　　　　　　表3-7

年份	常住人口 （人）	按人均工业用地 55m² 预测（亩）	按人均工业用地下降趋势计算
2020	2607822	22.29	20.7
2030	2763085	23.62	19.89
2040	2918349	24.95	16.63

三、用地总量规模平衡方法

《佛山市顺德区总体规划修编（2009—2020）》中提出"规划近期城乡建设用地总规模约 372km²，规划远期即 2020 年城乡建设用地总规模约 396km²"。事实上，在 2016 年底，顺德建设用地已经达到 422.021km²，占顺德区行政总面积的52.03%。

按照《2016 年顺德区国有土地增加供地计划》提出增加 183hm² 的工矿建设用地测算，大概为 1.8km²。以之前总规修编中 2016 年 422km² 为基期，从 2016 至 2030 年每年建设用地增量假定为 1.5km²。2031 至 2040 年每年建设用地增量假定为 1km² 可预测 2030 年建设用地为 437km²，2040 年为 447km²。按照工业用地占建设用地比重一般为 15% ~ 30%，并按照上限标准 30% 测算得到（表3-8）：

按照30%的工业用地比重测算　　　　　　　　　　　表3-8

年份	2020	2030	2040
建设用地（km²）	428	443	453
按照 30% 的工业用地占比计算（km²）	128.4	132.9	135.9
预测工业用地（万亩）	19.26	19.94	20.39

实际上在 2016 年，顺德区现状工业用地占全区建设用地比例高达 34.47%，超过了国家 15% ~ 30% 的上限标准。

四、空间连片性理论预测方法

上述三种方法对工业用地的需求预测是基于未进行产业保护区规划的前提下预测的。顺德区产业保护区划定的目的，核心是工业建设的"连片集中"，提高规划整治后的单位工业用地效益，整体提升顺德经济发展质量。从这个角度分析，本专题提出基于连片性的产业保护区工业用地需求预测方法。

（一）空间连片性定义

工业用地的"连片性"（也称连通度、连通性、连接度、连接性）是指某一质量范围（同一级别，某一级别以上，或级别区间）工业用地地块的相连程度。

由于地理环境不同，土地使用历史不同，同一质量的工业用地地块在空间上不一定连接在一起。同质量地块在空间上可以有三种相连形式，第一种是边相连，即以共同边界相连，如图 3-2 中的 C1 与 C2、A3 与 B3 等；第二种是角相连，即由一个相切的点相连，如图 3-2 中的 C2 与 B3、D4 与 C5 等；第三种可以称之为"阻隔相连"，即如果若干同等级地块之间隔着不宽的距离，例如两个地块分别位于水渠两侧，那么也可以视为空间上相连，比如图 3-2 中的 C2 与 E2。在本研究中对三种情况都进行了考虑。

本专题用"连片性指数"衡量同质工业用地的空间连片性，该指数既可以衡量微观地块尺度上的连片性，也可以衡量村镇区域空间尺度上的连片性。"连片性指数"有多种形式，一种是数字表达，例如两个工业用地地块重合边的长度占重合边两侧地块边界长度之和的比例；还有一种是空间形态的表达，例如"地块破碎度"或"地块连片度"。

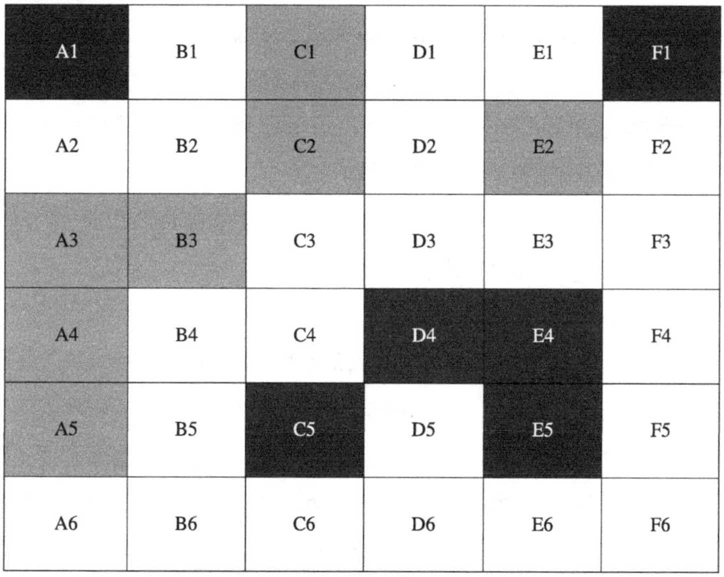

图 3-2　连片性空间形式示意图
备注：颜色不同表示地块等级不同

如果在一个分析区域内，工业用地的总面积是一定的，且不同等级工业用地分布在不同的地方，当工业用地将某个质量区间的工业用地的片数减少了，且该质量区间的工业用地面积不减少，就可以认为，工业用地减少了该区域这类工业用地的破碎度。某个地等区间工业用地破碎度的计算方法如式（3-1）。

$$d=\frac{n}{S_C} \tag{3-1}$$

式 3-1 的涵义是，所在区域单位工业用地面积上某个质量区间工业用地地块数。式中，d 代表地块破碎度，n 为所在行政区（如乡镇、村）中某个质量区间内地块的个数，S_C 为所在行政区（如乡镇、村）内的工业用地总面积。

由于地块破碎与地块连片是一组对立事件，因此一个地区工业用地地块破碎度与连片度之和为 1。当工业用地减少了该区域优质工业用地的破碎度时，反之即增加了该区域优质工业用地的连片度。故式（3-2）：

$$L=1-d=1-\frac{n}{S_C} \tag{3-2}$$

式（3-2）中，L 代表地块连片度。虽然该公式简单明了，但是在实际规划整治效益评价中也不会有应用。一方面因为该指标与空间效益的关联性不强，不能反映出工业用地之间的空间相连形式；另一方面是因为无法利用式（3-1）计算出工业用地后由连片性带来的空间效益增加值。

基于 GIS 的连片性计算方法

① 空间相连性计算法

空间相连性计算即相连性分析。该方法首先要判断整治地块是否位于某个质量等级区间，如果是则值赋 1，反之赋值 0。然后将分析区域栅格化，再对分析区域的各栅格进行相连性分析，首先得出该等级区间连片地块的块数，其次求出该等级区间工业用地的总面积。在处理地块相连状态时，可定义空间距离小于 d 值的属性值相同（即所赋值为 1）的地块为相连。本方法的特点是考虑了地块在全区的连片性（即整体连片性）。

② 模糊纹理定量方法

模糊纹理分析首先要将地块等级图进行栅格化（栅格大小可以根据比例尺和具体研究的对象而定），然后对以该栅格为中心、半径为某个阈值的小邻域内的纹理（即土地等级）状况进行刻画，所得值为 1 到 0 之间，1 为等级一致的地块连片，0 为周围地块不连片，由此所得的是一个连续面。本方法在考虑空间上相近但不相连的地块的相连性的同时，也考虑了等级相似的地块的相连性，但只考虑局部连片性，没有整体连片性的直接指标，如需要，必须对连续面进行积分计算。

③ 基本农田保护指数方法

该方法属于质量加权的模糊纹理法。模糊纹理方法所得值只反映连片性，而不反映质量等级，如对此值进行质量加权（模糊加权）后，则既能反映空间上的连片性，也包括了质量等级。由本指数构成的面是个连续曲面，通过对曲面的积分计算可以获得质量等级和连片性在一定程度以上的连片地块的面积。本方法计算较前述两种方法复杂，最终指数是个综合指标，其涵义不太直观。

以上三种方法都可以确定相同等级或高于或低于某阈值的土地的空间连片程度。从可操作性和简洁易懂的角度出发，本专题选择用空间相连性计算法来进行计算，得到规划整治后高质量连片工业用地中原有的优质工业用地面积。

（二）工业连片后的效益计算

1. 工业连片后的理论效益测算

从顺德产业保护区的规划出发，提出这样的前提假设：认为规划整治后，村内某质量区间内的工业用地在空间上连片后，能够带来工业用地的规模效益。理论上，规划整治后的工业用地空间连片效益为连片产生的规模效益值与原来未连片土地的效益值之差。式（3-3）、式（3-4）如下：

$$Q_{连片} = S_{连} \times (1+G) \times R_{原} - S_{原} \times R_{原} - S_{整} \times R_{整原} \qquad (3\text{-}3)$$

$$S_{连} = S_{原} + S_{整} \qquad (3\text{-}4)$$

将式（3-4）代入式（3-3），得到式（3-5）

$$Q_{连片} = (S_{原} + S_{整}) \times (1+G) \times R_{原} - S_{原} \times R_{原} - S_{整} \times R_{整原} \qquad (3\text{-}5)$$

$Q_{连片}$ 表示某区域（这里为某个村）工业用地规划整治后，由空间连片性产生的工业增加值。

$S_{连}$ 表示区域内规划整治后的某质量区间连片工业用地的面积，它为 $S_{原}$ 与 $S_{连}$ 的和。

$S_{原}$ 表示规划整治后，在区域内连为一片的工业用地面积中，未被整治的原有工业用地面积。

$S_\text{整}$表示规划整治后，在区域内连为一片的工业用地面积中，被整治为该质量区间的工业用地面积。

G表示规划整治后由于空间连片带来的工业用地规模效益增幅（用百分比来表示）；

R表示工业在某个乡镇的理论上的单位工业用地产值；

$R_\text{整}$、$R_\text{原}$、$R_\text{整原}$分别表示连片后的$S_\text{原}$、$S_\text{连}$、$S_\text{整}$面积上的理论单位工业用地产值。

产业保护区规划整治带来的空间连片性一般包括两种情况：一种是规划整治仅提高原有地块的工业用地等级，而并没有新增工业用地面积。此时可采用式（3-5）进行计算，特别需要注意扣除$S_\text{整}$面积上的产量。另一种情况为本次保护区规划更为直接的目的，即让腾退或者划片的工业用地间相连，此时$R_\text{整原}=0$，故式（3-5）可以简化为：

$$Q_\text{连片}=(S_\text{原}+S_\text{整})\times(1+G)\times R_\text{原}-S_\text{原}\times R_\text{原} \tag{3-6}$$

2. 工业连片后的实际效益测算

但在理论公式中R为理论单位工业用地产值，比实际产值要大出许多。但实际上由于在本专题中以村为基本单位，尺度很小，单位工业用地产值也基本一致，那么就可以用指标$R_\text{原}$表示工业在某个村的平均实际单位工业用地产值，来进行连片性实际空间效益的计算。调整的工业用地空间连片效益公式如式（3-7）、式（3-8）所示：

$$Q_\text{连片}=(S_\text{原}+S_\text{整})\times(1+G)\times R_\text{原}-S_\text{原}\times R_\text{原}-S_\text{整}\times R_\text{整原} \tag{3-7}$$
$$S_\text{连}=S_\text{原}+S_\text{整} \tag{3-8}$$

当规划整治出连片工业用地时，

$$Q_\text{连片}=(S_\text{原}+S_\text{整})\times(1+G)\times R_\text{原}-S_\text{原}\times R_\text{原} \tag{3-9}$$

式中，$Q_\text{连片}$表示某区域（这里为某个村）规划整治后，由空间连片性产生的工业增加值，$S_\text{连}$表示区域内工业用地后的高质量连片工业用地面积，它为$S_\text{原}$与

$S_{整}$的和，$S_{原}$表示规划整治后，区域内被整治地块连为一片的工业用地面积中未整治的原有的高质量工业用地面积。$S_{整}$表示工业用地后，在区域内连一片的工业用地面积中，被整治地块的面积。G表示工业用地后由于空间连片带来的工业用地规模效益增幅（用百分比来表示）。R表示工业在某村的平均实际单位工业用地产值量。

对空间连片性的研究仅考虑原有工业用地和连片工业用地的等级关系，对其他因素考虑较少。如连片工业用地所在区位与中心区距离、周围土地的用地类型对连片土地稳定性的影响，由于前者无法确定标准值，后者土地用地类型的影响过于复杂，因此本专题不予考虑。

本专题着重考虑产保区政策因素的影响，即如果该连片土地被划定为顺德区要求的产业保护区核心区范围，则我们认为工业政策和土地政策对这些工业用地保护的力度最强，土地稳定性最好，其能够享受到的规模效益也最稳定；在缓冲区的连片工业用地则相对不稳定；如果仅为工业用地而不在产业保护区内，则认为稳定性最低。因此定义γ为空间稳定性系数。并利用γ对G进行纠正，得到式（3-10）：

$$G' = G * \gamma \qquad (3-10)$$

对γ进行经验赋值，得到：$\gamma_{核心区}=1$，$\gamma_{缓冲区}=0.95$，$\gamma_{产保区外}=0.90$。将公式中的G代替为G'，得到单个连片性工业用地增加值的公式为式（3-11）：

$$Q_{连片} = (S_{原}+S_{整}) * (1+G*\gamma) * R_{原} - S_{原}*R_{原} - S_{整}*R_{原} \qquad (3-11)$$

在单个连片性工业用地获得的连片性效益基础上，经过顺德产保区规划后提升的总连片性效益可以视为n个划定后的连片性工业用地增加的连片性效益之和：

$$Q_{连片总} = \Sigma_1^n Q_{连片} \qquad (3-12)$$

假设在某个时点顺德期望获得的经济预期效益为$Q_{期望}$，则可以视为在既有工业用地获得的效益基础上叠加了总连片性效益，式（3-13）：

$$Q_{期望} = Q_{原总} + Q_{连片总} \qquad (3-13)$$

简而化之，可以视为在既有面积 $S_{原}$ 上要获得 $Q_{期望}$，那么 $S_{连片}$ 需通过工业用地上连片效益提升也获得 $Q_{期望}$。这里假设形成 $\gamma=15\%$ 的连片性规模效益，根据人均用地法测算出的工业用地需求量最小，以其为基准，可视为两者用地面积比为 $1:1.15$，按照 2020、2030、2040 年的乐观经济情境，测算得到（表 3-9）：

按照连片性需求方法工业用地需求预测小结   表3-9

年份	2020	2030	2040
工业用地需求量（亩）	187082	198220	209359

五、工业用地需求预测结果

综上根据表 3-10 方法对比可以看出，连片性方法计算得出的工业用地的需求量最低。换句话说，即使在工业用地绝对量减少的情况下，基于产业保护区规划整治后的经济效益提升（2020 年保护住 18 万亩以上，2030 年 20 万亩左右，2040 年 21 万亩左右），同样可以达成预期的经济目标。

按照不同方法工业用地需求预测小结   表3-10

预测方法	工业用地需求量（万亩）		
	2020 年	2030 年	2040 年
经济需求预测法（乐观且用地效率递增情境）	22.16	26.05	25.50
人均用地法（人均工业用地 $55m^2$）	22.29	23.62	24.95
人均用地法（因效率提高人均需求逐年下降 $1m^2$）	20.7	19.89	16.63
用地总量平衡法（工业用地占比 30%）	19.26	19.94	20.39
空间连片性预测方法	18.58	19.68	20.79

专题 4　国内外工业用地管控案例借鉴

中国科学院地理科学与资源研究所

2019 年 10 月

一、日本：民间力量主导的工业区开发

（一）日本的工业区划分

日本是一个缺乏天然资源的国家，全国陆域面积 37.7 万平方公里，其中绝大多数是山地、坡地，平原很少，因此日本对各类土地资源的保护十分严格。日本在工业园区的推进过程中，非常注意满足园区发展对土地的需求，合理规划，用法律形式严格限定工业用地。1919 年，日本政府制订《都市计划法》，在 1950 年的修订版本中，对城乡专用工业区、工业区、准工业区进行区划，并规定工业园区只能在政府指定的工业地域和专用地域中兴建。因此保证了战后日本工业发展的相对集中，对土地利用的相对集约（表 4-1）。

日本工业用地标准变化 表4-1

1919	1950～今	范围说明
工业区	准工业区	不会促使环境恶化的工业，以轻工业为主，可与居住、商业相混合
	工业区	工业设施，允许建设所有类型的工厂，可以开发居住和商业，不能开发学校、医院和酒店
	专用工业区	大型工业区，允许建设所有类型的工厂，禁止开发居住、商业、学校医院、酒店、餐馆等

资料来源：日本用地分类体系的构成特征及其启示.国际城市规划，2012（27）：22-26

（二）工业区的用地批准与管理

在日本，工业区主要由民间力量兴办，政府主导较少。如在静冈县 88 个工业园区中，政府主导兴建的只有 13 家，占 14%。如由民间力量主导兴办工业园区，其基本程序是先由民间 6 家以上具有一定规模的企业（大企业除外）组织起来，形成协同组合，再由此协同组合向当地政府提出申请。企业的申请按规定经有关政府和中小企业团体中央会审定同意后，再由此协同组合或由协同组合组织开发商进行土地开发。

对工业区所用土地，必须一律由县政府知事（相当于省长）批准同意。工业区发展和扩张采用征用农民土地的模式，全国每年做一次土地估价普查，将耕地、林地、草地等分类定价，根据普查价格进行补偿（表 4-2）。

用地分类中建筑用途兼容控制导则 表4-2

建筑功能	准工业区	工业区	工业专用区
住宅、附带其他小规模设施（商业、办公等）的住宅	✓	✓	✓
幼儿园、学校（小学、初中、高中）	✓	✓	✓
圣祠、寺庙、教堂、诊所	✓	✓	✓
医院、大学	✓	×	×
位于一楼或二楼的面积不超过150m²的商店/餐馆	✓	✓	×
位于一楼或二楼的面积不超过50m²的商店/餐馆	✓	✓	✓
上述未提及的商店/餐馆开发	✓	✓	×
上述未提及的办公开发	✓	✓	✓
酒店、客栈	✓	×	×
卡拉OK厅	✓	✓	✓
位于一楼或二楼的面积不超过300m²的独立车库	✓	✓	✓
仓储公司的仓库、上述未提及的独立车库开发	✓	✓	✓
剧院、电影院	✓	✓	×
自动维修商店	✓	✓	✓
具有一定危险性、有环境污染的工厂	✓	✓	✓
具有高度危险性或环境污染的工厂	×	✓	✓

注：×代表不可建设

　　日本在1973年创设的特别土地保有税法案规定，对取得一定规模以上土地面积的，政府收取1.3%的土地取得税和3%的土地保有税。其对工业园区内每平方米土地的资金投资率也有明确的规定，要求企业主保证有购买土地70%以上的资金用于投资该园区内的建筑物和机械设备等设施（日本土地比较昂贵，有了这一规定，就保证了一定的土地面积具有一定量的资金投入）。

　　工业园区内基本不设政府管理机构，全权由该园区的协同组合负责管理。工业园区协同组合设有理事会，是该工业园区的最高管理机构。理事会成员分别由工业园区内每个企业的理事长担任。其主要任务是：负责兴办园区内的共同事业；为企业提供各种信息咨询、融资等有关服务；沟通园区内外企业的联系等。这种由园区的协同组合自我管理园区的形式，节约了政府管理成本。

　　综上，日本是以类似于我国"工业园区"的模式进行工业用地管理，工业区内部可以有配套建设，但对配套建设的使用功能进行了严格的限定和细分，是以产城融合、相对功能完整的方式实现对工业区的规划和管理。

二、新加坡：国家政府主导的工业用地开发

（一）工业区划分

新加坡是一个岛国，陆地面积约720平方公里，其中140多平方公里由围海造地而成，人口密度约7500人/平方公里。新加坡政府认为，工业用地的供应是城市经济发展和经济结构的反映。工业土地的供应与规划由政府主导，私人机构和市场对工业用地的影响非常有限。工业区的划分全部在城市规划中实现。新加坡"坚持远见，整体规划"的方针政策，着眼于长期土地利用开发和利用。通俗地讲，新加坡政府是一个有"洁癖"的政府，在1965年被迫独立后，强势政府推行了新加坡的新城市规划。绝不允许有不符合规划的工业用地出现。主要的工业用地分布在新加坡岛西部裕廊新镇，为全国的工业基地。其他每个新城镇的人口为15万～25万人，有规划的工业用地和分散的工业点。

目前，新加坡现有工业园区35个（图4-1），占地80平方公里，遍布全岛55个城市规划区，80%以上的园区拥有工业用地，承载了7000多个生产厂家，年均对全国直接贡献25%，并吸纳了1/3的劳动力。

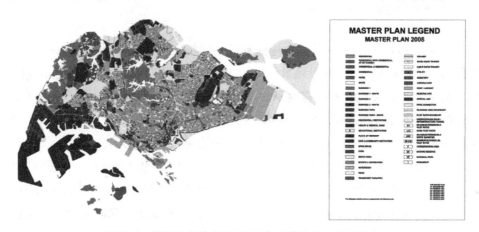

图4-1　新加坡总体规划2008年（紫色为工业用地）

（二）工业用地管理

新加坡工业高度融合研发设计，以先进制造业、高科技产业及生物医药等创新型产业为主，工业用地容积率多数在2以上，商业园中也允许无污染的高新技

术工业生产和科技研发等多功能混合使用，土地利用高度节约且集约。早期的任何企业，如中国台湾和中国香港的玩具、纺织品和服装生产、植物油、蚊香、汽车、收音机等电器厂家，都可以入园，主要是劳动密集型产业。其利用租赁合同结束期和更新期对土地的升级以及提高容积率对土地进行一体化和综合化使用。2004年新加坡园区的平均土地容积率是 0.42，2016 年约为 0.9 ～ 1，计划到 2040 年容积率提高到 2.5。

（1）差别化土地政策。主要集中在产业差别化政策方面，具体表现为土地供应政策和土地价格及税费政策。产业用地的供给方式有两种，即土地出租和厂房出租。土地出租期通常为 30 年，到期后可以再租用 30 年。厂房出租是指由政府统一建设一至多层规范厂房，依照现实情况出租给企业，时间最长为 60 年，到期后由政府无偿收回。不论是土地出租还是厂房出租，每隔几年都要变动一次租金。

（2）运用经济工具限定土地用途。在土地利用方式产生变动时，政府对使用者的增值收益征收较高额度的增值税，减少了土地增值的利益；实施差别化地租，对于鼓励发展的项目，采用较低的租金，对于限制发展的项目，采用的租金则较高。

（3）严格企业用地标准。对园区进行精细规划，只有符合规划要求的企业，才可以入驻。这样有利于产业健康发展，提高土地产出效益。新加坡对土地用途转换征收发展税，税收比例达土地增值收益的 70% 以上，大大降低了囤地、炒地的可能。

（4）建立企业退出机制。对达不到用地要求的企业，强制其退出。对达到约定的要求但效益不佳的企业，与相关部门协商后允许自愿退出。

综上，日本和新加坡均严格实施和执行了城市规划，和对规划中功能地域的划分，不存在单独的工业用地规划。

三、上海：工业区转型升级三年行动

（一）工业用地区块划分

上海市将规划工业用地和现状工业用地统筹考虑，根据工业用地的现状和规划，将工业用地分为三类，即 104 规划工业区块、195 现状工业用地区域、198 现状工业用地区域。各自内容及发展要求如下（表 4-3）：

上海市工业用地区块发展要求一览表　　　　　　　　　　　　　表4-3

类型	名称	面积	发展导向	产业目标	管理方式
104区块	规划工业区块	789.3km²	升级	战略性新兴产业和先进制造业，实现高端发展	可进可出，评估管理
195区域	规划工业区块外、集中建设区内的现状工业用地	195km²	转型	与新城建设相融合、与产业链相配套的生产性服务业，积极引导向城市生活功能转变，实施转型发展	建立企业目录
198区域	集中建设区外的现状工业用地	198km²	复垦	实施生态修复和整理复垦	减量控制

104区块。2009年，上海市"两规合一"及工业区块梳理共明确104个规划工业区块。2012年新一轮区县"两规合一"初步确定了全市104个规划工业区块，规划面积为789.3平方公里。分为公告开发区、产业基地、城镇工业地块三类，规划面积为分别为494.5平方公里、179.4平方公里和115.5平方公里。后经确认为764平方公里，占全市建设用地规模的25%左右。104区块主要以园区和保障先进制造业发展空间为主（图4-2～图4-5）。

195区域。其位于104个工业区外，且是在规划集中建设区范围内的现状工业用地，土地面积合计为195平方公里，被称为"195区域"。这一区域的工业用地虽然不在重点园区内，但产业集中性高、产值高、且有一批重点优质企业，需要转型升级为研发总部产业用地、商办用地等。

图4-2　上海市工业用地现状分布图

图4-3　上海市工业用地规划图

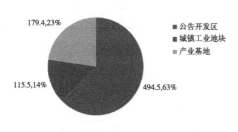

图 4-4 104 区块分类

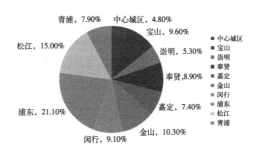

图 4-5 上海各区县 104 区块分布

198 区域。其位于 104 个工业区外,且是在规划集中建设区范围外的现状工业用地,土地面积合计约为 198 平方公里,被称为"198 区域"。这片区域的工业用地布局分散、配套不足、产能较低、环境污染较重,因此是整治重点。

综上,上海的工业用地区块,是以规划工业区为依据,将规划和现状工业用地分开分别管理。

(二)工业区块分类管理

上海市 2040 年新一轮城市总体规划在土地利用规划方面,将通过划定永久性保护区的方式,对先进制造业用地予以充分保障。其中,上海中心城区将保留少量工业用地,郊区建设用地留给工业用地的比例不低于 15%~20%,全市工业用地比例控制在 10%~15%。因此,原有的占建设用地比例达 25% 的 764 平方公里工业用地需要调整下降。

1. 104 区块:近期总量平衡,中长期稳中有降

104 规划工业区块的发展目标是:以工业用地为主导,着力保障战略性新兴产业和先进制造业的发展空间,以发展先进制造业为主。确需转型的,其方向主要为研发总部产业类用地、研发总部通用类用地和工业标准厂房类用地。

104 规划工业区块将施行有进有出、动态管理,近期总量保持稳定平衡,中长期总量规模稳中有降的发展策略。其建立了规划工业区块规划实施评估工作机制,由市经济信息化、规划国土资源部门会同多部门定期对全市规划工业区块的规划实施情况进行详细评估。各区县分别进行评估,并编制区县工业区块规划实施评估报告报市信息经济委。工业区块规划实施评估报告经审定后,可作为下一阶段规划编制或修编的依据。

所以,104 区块成为了相对稳定,最受企业欢迎的地块。其发展目标是实现

每平方公里土地工业总产值67.4亿元，工业向开发区集中度达80%（表4-4）。

104块规划工业区块发展目标　　　　　　　　　表4-4

增加值增速	1000亿元园区	固定资产投入产出率	税收
>4%	>10个	>300%	6.5亿/km²
人均产出	研发投入比	新兴产业产值比	地均产出
220万元	1.5%	30%	120亿/km²

资料来源：上海市《关于推进供给侧结构性改革促进工业稳增长调结构促转型的实施意见》

2. 195区域：目录管理，动态更新

上海市编制《规划工业区块外重点企业支持目录》（以下简称《目录》），并定期实施跟踪评估和动态更新。对集中建设区内列入《目录》的重点企业以及集中建设区外通过更严格标准列入《目录》的特殊企业，将参照规划工业区块内的企业实施管理，可保留原工业用地性质或转为研发总部类用地，并纳入地区规划。同时，支持列入《目录》的重点企业向规划工业区块转移集中。因此，195区域因为产业结构会出现较大幅度的调整，意味着不少企业面临迁址。同时，195区域也需要参照104区块定期进行评估。

3. 198区域：土地复垦，减量化管理

2014年上海开始实施减量化，2015~2017年，减量化总目标为20平方公里，到2020年，实现减量40~50平方公里。其主要实施区域就是198区域的工业土地。其以区县为单位，编制了集中建设区外现状建设用地年度整治和复垦计划，落实减量化目标。为加大财政资金对工业用地整理复垦的支持力度，上海市在198区域的污染物排放总量控制指标、耕地占补平衡指标等方面给予奖励，提高了区县、村镇、企业的积极性。同时上海市通过宣传，也使不少企业放弃了在198区域选址的想法。其建立了全市闲置和低效工业用地清单，并建立逐步清退计划，进一步促进了工业转型升级政策的实施。

（三）工业区块的配套政策

上海市在2013年初实施编制了上海市工业用地布局规划，在此基础上梳理出三类工业用地区域，并通过一系列发文，推进三类工业用地区域的转型、升级与复垦。主要配套管理制度见表4-5：

工业区块主要配套管理制度　　　　　　　　　　表4-5

编号	配套管理制度	相关内容
1	工业区发展联席会议（四次）	联席会议由市政府分管领导担任召集人，研究统筹优化全市工业区块布局、推进工业区二次开发、加强工业用地节约集约利用等方面的重大问题
2	市、区县两级工业区块外项目联合会审机制	经济信息化、发展改革、规划国土资源、环保等部门对列入《规划工业区块外重点企业支持目录》的重点企业实施技术改造、转移集中、转型发展、土地划拨转出让、集体土地使用转征用等事项进行联合会审
3	园区评估考核机制	工业园区根据《上海市开发区综合评价办法》中的1个综合发展指数、4个分项评价指数、11个专业评价指数、19个单项指标及38个产业集群评价指标定期进行公布
4	建立全市闲置和低效工业用地清单	198区域作为各区县工业用地减量化工作率先实施的对象
5	年度新增建设用地指标与198区域减量挂钩制度	各区年度新增建设用地指标与198区域工业用地减量化工作相挂钩的政策措施
6	企业失信管理	如有利用工业用地变相发展商业及住宅房地产项目的情况，则将企业相关违法违规使用土地的处罚信息向上海市公共信用信息服务平台归集，进入失信企业名单，并加强对相关失信信息的使用

　　除了限制性政策以外，上海也颁布了一些积极促进工业企业发展的制度政策，降低用地、税费、用工、用能成本，降低工业企业成本，增强企业发展活力（表4-6）。一是在用地方面，实行弹性出让年限及续期办法，重点项目出让年限仍可为50年。二是在税费方面，除落实国家减税降费政策外，对地方权限范围内事项，按降低企业负担要求执行。三是用工成本方面，企业缴纳的职工社会保险费率下调2.5个百分点。四是在用能成本方面，上海市工业电价平均下降2.12分/度。

推进工业区管理的规划与文件　　　　　　　　表4-6

编号	推进工业区管理的规划与文件	出台时间	相关内容
1	《上海市工业用地布局规划》	2013.3	三类工业用地区域的划分。
2	《关于统筹优化全市工业区块布局的若干意见》	2013.5	提出三类工业用地区域的发展目标、方向和管理政策。
3	《关于建立本市工业区块规划实施评估工作机制有关事项的通知》	2013.9	建立104产业区块和195区域工业地块的规划实施情况进行评估的制度。两个区域工业地块需动态评估、有进有出。
4	《上海市工业区转型升级三年行动计划（2013-2015年）》	2013.10	对三类工业用地区域的发展指标、各部门实施升级、转型、改造、联动的重点工程行动的具体职责分工进行规定。
5	《上海产业用地指南(2016版)》	2016.1	对产业项目的用地指标的控制标准进行规定，对建筑系数、行政办公及生活服务设施用地所占比重、绿地率提出控制要求。

编号	推进工业区管理的规划与文件	出台时间	相关内容
6	《关于本市盘活存量工业用地的实施办法》	2016.3	上海工业用地占比过高、产出效率偏，建设用地总量接近规划天花板，对104区块和195区域进行存量挖掘，特别对104区域要求开发人持有70%以上的物业产权。工业用地标准厂房类土地使用权不得整体或分割转让，宗地上的房屋不得分幢、分层、分套转让，可以出租。并对划拨工业用地、闲置工业用地和违法用地做了具体规定。
7	《关于推进供给侧结构性改革促进工业稳增长调结构促转型的实施意见》	2016.4	制定工业发展的主要目标和任务，推动工业稳增长调结构促转型。（2020年，制造业增加值占全市生产总值比重力争保持在25%左右，战略性新兴产业增加值占全市生产总值比重达到20%左右）
8	《规划工业区块外重点工业企业支持目录》	2016.5	各区重点发展企业进入支持目录，制定相应的优惠鼓励支持政策。
9	《创新产品推荐目录》	2016.5	通过政府首购等予以支持
10	《上海市工业区转型升级"十三五"规划》	2016.11	规划五年发展目标，打造3-5家具有全球影响力和竞争力的先进制造基地，新增3家国家新型工业化产业示范基地，新增10家左右市级新型工业化产业示范基地，上海全市累计建成10家国家生态工业示范园区等。

四、广州：三规合一对产业区块的控制

（一）产业区控制线划分

2014年广州市作为"三规合一"试点城市，提出了"一图四线"的管控方案，"四线"包括：建设规模控制线、产业区控制线、基本农田控制线、基本生态控制线，根据不同控制线的实际运行特点，分别实行刚性管制。由此，将产业区控制线划分了出来。

根据《广东省三规合一技术指南》，广州市此次划分出的产业区块，是指用于推动工业项目集聚发展的，经"三规合一"规划确定的工业园区、连片城镇工业用地、高技术产业园区和物流园区等。具体是指在建设用地范围内，由"工业园区 - 连片城镇工业用地"形成产业用地集中区的围合线，作为引导工业项目集聚发展的控制边界。

其技术要求为两类：一是经国家审核公告或省认定的各类开发区（包括各类工业园区、产业园区、产业集聚区、工业集中区、示范区等）；二是城乡规划中连片的面积大于30公顷的工业及仓储用地（图4-6、图4-7）。

图 4-6　广州市"三规合一"图

图 4-7　广州市"三规合一"中的产业区块分布

（二）产业区块的控制要求

2015 年 2 月，广州市政府印发《提高工业用地利用效率试行办法》。该办法在 10 个城区划定 95 块产业区块（荔湾、越秀两区未划），办法中指出了产业区块经"三规合一"规划确定的工业园区、连片城镇工业用地、高技术产业园区和物流园区等，具体见《广州市产业区块列表》。《广州市产业区块列表》经市人民政府批准可以调整。

此次划分出的产业区块，用地面积约 325 平方公里，占建设用地比例 17.74%，块均面积 3.42 平方公里。其中，面积最大的是萝岗区的广州经济技术开发区，区块面积 3031 公顷，面积最小的是白云区的石湖物流园区，区块面积 26 公顷。

针对 95 块产业区块，广州市建立了以下管理政策：

（1）全过程动态管理。对工业项目在土地使用期限内实施全过程动态管理，将工业用地项目的产业类型、投资强度、产出效率和节能、环保、本地就业等要求，纳入土地出让合同，通过土地核验、定期评估、诚信管理等实施监管。投资强度、土地产出率要达到《广州市产业用地指南》中的规定要求，未达到规定要求的，要承担合同约定的违约责任。

（2）明确了工业用地建设的条件。除安全、消防等特殊规定项目外，明确应建造 3 层及以上多层厂房等多种方式提高工业用地利用效率，规定了工业用地容积率下限，一类工业用地容积率不得低于 2.0，二类、三类工业用地容积率不得低于 1.2，生产工艺有特殊要求的工业用地容积率不得低于 0.8。单个工业建设项目用地所需行政办公及生活服务设施用地面积不得大于项目总用地面积的 7% 或建筑面积不得大于工业项目总建筑面积的 14%。

（3）建立工业用地项目土地利用绩效评估制度。分别在达产阶段（达产评估）、达产后每 3 至 5 年（过程评估）、出让年期到期前 1 年（到期评估）等阶段，由区（县级市）政府相关部门或园区管理机构，依据有关法律法规规定和土地出让合同要求，组织实施工业用地项目土地利用绩效评估。

（4）实行工业用地"租让结合，先租后让"的供应方式。先行承租土地进行建设的办法：对于产能达到设计生产能力（以下简称"达产"）并通过验收且符合土地出让合同约定条件的，再依法办理出让手续。周期弹性确定土地出让年限，首期出让年限届满后，由区（县级市）政府相关部门或园区管理机构牵头对项目综合效益和合同履约等情况进行评估，确定有偿续期或收回土地使用权。

五、深圳：工业用地区块线划定与管理

根据深圳市 2015 年土地利用现状数据，全市现有工业用地 274.15 平方公里。其中未批未建的规划工业用地（含发展备用地）约 32.4 平方公里（图 4-8）。

2016 年 7 月，深圳市《关于支持企业提升竞争力的若干措施》的第十九条明确提出："强化产业用地和空间保障，加强产业用地统筹管理"。要求研究划定产业区块控制线，稳定工业用地总规模，先期将制造业基础好、集中连片、符合城市规划的产业园区划入线内管理，确保中长期内全市工业用地总规模不低于 270 平方公里，占城市建设用地比重不低于 30%。"十三五"期间深圳市的工业区块线总规模为 270 平方公里。

	现状工业用地（km²）	比例（%）
福田	2.99	1.09
罗湖	1.46	0.53
南山	16.81	6.13
盐田	0.82	0.30
宝安	77.97	28.44
龙岗	71.15	25.95
光明	28.67	10.46
坪山	23.92	8.72
龙华	40.70	14.85
大鹏	9.66	3.52
合计	274.15	100.00

图 4-8 深圳市工业用地现状分布（2016 年）

（一）工业区块线的两级划定

2016 年深圳市根据现状工业用地数据（截至 2015 年）和规划"一张图"（更新至 2016 年底）为基础，分两级划定了工业区块线。深圳市将工业区块线定义为：在一定规划期内，为保障工业用地总规模、加强工业用地管理和集聚，划定的集中成片工业用地的控制边界（图 4-9、表 4-7）。

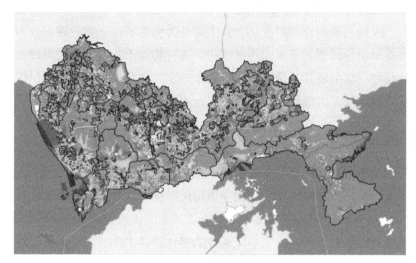

图 4-9　深圳市工业区块线的划定方案

深圳市各区工业区块线指标分配一览表　　　　　　　表4-7

辖区	现状工业用地（km²）	工业区块线指标要求（km²）	一级线		二级线	
			块数（块）	面积（km²）	块数（块）	面积（km²）
福田	2.99	2.82	15	2.82	2	0.18
罗湖	1.46	0.85	5	0.72	5	0.14
南山	16.81	16.78	22	16.12	10	0.85
盐田	0.82	0.83	4	0.81	1	0.02
宝安	77.97	74.20	73	70.43	79	12.79
龙岗	71.15	65.93	83	63.97	17	2.21
光明	28.67	31.64	23	29.66	4	1.68
坪山	23.92	27.35	11	29.77	0	0.00
龙华	40.7	40.72	32	39.86	25	1.85
大鹏	9.66	8.88	7	8.89	1	0.17
合计	274.15	270.00	275	263.03	144	19.89

两级包括一级线和二级线，一级工业区块 275 个，用地面积 263.03 平方公里，占工业区块线总面积的 92.96%；二级工业区块 144 个，用地面积 19.89 平方公里，占工业区块线总面积的 7.04%。

（1）一级线是保障深圳工业能长远发展而确定的用地底线，占整个工业区块线总体规模的 90% 以上。一级线的主要划分依据是现状工业基础较好、集中成片、符合城市规划要求的用地。另外部分现状工业基础较好、符合城市规划要求、布局较为零散但确需予以控制的用地也将划入一级线内。

（2）二级线用地划分相对灵活，其主要是为稳定城市一定时期工业用地总规模、未来逐步引导转型的工业用地过渡线。还可将位于基本生态控制线外、现状工业基础较好、集中成片，虽在城市规划中确定为其他用途，但近期仍需保留为工业用途的用地划入二级线内。线内非工业用地面积不超 40%。

（二）工业区块线的控制要求

1.总体规模不减少，每五年进行评估调整

总体上，深圳市每隔五年，根据全市国民经济和社会发展五年规划、近期建设规划要求，结合全市工业发展情况，对全市工业区块线管理工作进行整体评估，并视评估结果需要，开展全市工业区块线的整体修订工作。因城市发展需要，确需对工业区块线进行局部调整的，应遵循"总体规模不减少、用地布局更合理"的原则，按照程序进行审批。

2.两级划定，三级管理

一级线内的规划工业用地和以工业为主导方向的发展备用地应予以严格保护，原则上不得作为其他非工业用途线内的用地面积，且原则上不得超过该区块总用地面积的 40%。线内已规划为其他用途的用地，仍可按照已批准的城市规划予以实施。

二级线内的现状工业用地在规划期限内应予以保护，原则上不得作为其他非工业用途。线内如确需开展以居住、商业为主导功能的城市更新或土地整备，需按局部调整程序调出工业区块线，并按照已批准的城市规划予以实施。

对于非工业区线内的其他工业用地，草案也做了相关说明。对于非工业区块线的工业用地，按照合法用途继续保留使用，如果要改变其使用功能，需要符合城市规划要求且需优先满足区域急需的公共配套、市政交通配套需求。此规定相较上海较为温和。

（三）工业配套政策管理

2006 年至今，深圳市自出台的工业配套政策中推进了工业用地开发利用和升级改造的政策，特别是 2013 年和 2016 年密集出台了相关的管理制度，明确了被列为限制发展类和禁止发展类的产业项目不得供地。一般来说，产业项目用地出让期限按照 20 年确定，对于重点产业项目用地出让期限可以按照 30 年确定。工业及其他产业用地租赁期限不少于 5 年且不超过 20 年。但是针对工业用地区块线内的用地还没单独的管理规定（表4-8）。

深圳工业配套政策一览表	表4-8
文件名	出台时间
《深圳市人民政府关于进一步加强土地管理推进节约集约用地的意见》	2006.6
《深圳市集约利用的工业用地地价计算暂行办法》	2006.6
《深圳市招标拍卖挂牌出让工业用地使用权规定》	2006.9
《深圳市人民政府关于工业区升级改造的若干意见》	2007.3
《深圳市工业区升级改造总体规划纲要（2007～2020)》	2007.8
《工业项目建设用地控制指标》	2008.2
《关于加快推进我市旧工业区升级改造的工作方法》	2008.9
《工业楼宇暂行管理办法》	2008.9
《深圳市创新型产业用房建设与管理暂行办法》	2013.1
《深圳市工业楼宇转让管理办法（试行）》	2013.1
《深圳市人民政府关于优化空间资源配置促进产业转型升级的意见》	2013.1
《深圳市完善产业用地供应机制拓展产业用地空间办法（试行）》	2013.1
《深圳市加快发展产业配套住房意见》	2013.1
《深圳市贯彻执行＜闲置土地处置办法＞的实施意见（试行)》	2013.1
《深圳市人民政府办公厅关于推动新一轮技术改造加快产业转型升级的实施意见》	2015.6
《深圳市加快产业转型升级配套政策》	2015.6
《深圳市创新性产业用房管理办法（试行）》	2016.1
《深圳市人民政府关于进一步加强土地管理推进节约集约用地的意见》	2016.6
《关于支持企业提升竞争力的若干措施》	2016.8
《深圳市工业及其他产业用地供应管理办法（试行）》	2016.11
《深圳市规划国土委关于全市工业区块线（草案）和管理要求》	2016.12

六、深圳宝安区：工业控制线划定与管理

2016年，深圳市宝安区发布《深圳市宝安区工业控制线管理办法（试行）》，对宝安区内工业用地进行控制线划定。其中工业控制线是指为保障宝安区工业用地总规模，依照规定程序划定的一定时期内需要严格控制和保护的工业用地范围线，包括工业用地和物流仓储用地（图4-10）。

图4-10 深圳市宝安区工业红线和蓝线划定

（一）工业控制线的划定

宝安区在其管理规定中第七条指明，工业控制线应包括：

（1）制造业基础好、集中连片、符合城市规划的产业园区用地；

（2）市、区两级重点产业园区用地；

（3）对区国民经济和产业发展有重大保障作用的工业用地；

（4）其他需要划定的工业用地。

依据此原则，宝安区最终划定总规模 80.51 平方公里的宝安区工业区块线，约占规划建设用地面积 34498 公顷的 23%。并将工业控制线划分为工业红线和工业蓝线：

"工业红线"是为了保障宝安区产业长远发展而划定的工业用地底线，为严格保护的工业用地范围线，严格限制线内工业用地转换为非工业功能。共划定 67.98 平方公里，规划工业用地（含发展备用地）46.98 平方公里。

"工业蓝线"是为了保障宝安区工业用地总规模而划定的、可稳步转型的工业用地引导线。工业蓝线内合理调控工业用地转换功能，根据工业控制线范围内工业建筑面积总量平衡的原则，预留一定的用地功能转换弹性。共划定 12.53 平方公里，其中现状工业用地 8.87 平方公里。主要位于福永、凤凰、沙井、松岗、燕罗、石岩、西乡等区域。

（二）工业控制线的管理

宝安区对工业控制线管理提出了四个原则：一是总量控制，在工业红线范围内维持工业建筑总量的基础上可进行适当的用地功能调整；二是集中连片，将制造业用地集中连片的地区划入工业红线范围内；三是保大放小，重点保护上市企业、拟上市企业、龙头企业、"五类"百强企业、高成长性企业及优质园区；四是分类定策，针对每类企业及园区的不同情况、问题，制定不同的适宜策略，促进和支持其健康持续发展。

根据《深圳市城市规划标准与准则》约定的比例，要求工业用地 M1、M2、M3 和新产业用地 M0 主导用途的建筑面积（或各项主导用途的建筑面积之和）不宜低于总建筑面积的 70%。仓储用地，主导用途的建筑面积不宜低于总建筑面积的 85%。物流用地，主导用途的建筑面积（或各项主导用途的建筑面积之和）不宜低于总建筑面积的 60%，不得变相将建筑面积用作其他非产业功能。

七、结论：产业发展保护不能"毕其功于一役"

（一）产业保护区的划定并非一劳永逸

保护面积要根据经济发展水平和工业发展需要进行调整。产业保护区的划定需要结合城乡规划、土地利用规划、生态保护规划等，是多规合一的工作。工业用地控制线内的工业用地应具备一定规模、不宜过于细碎。工业用地控制线内的部分用地可以作为配套服务功能，但应确定配套用地面积和建筑面积比例。

（二）需将所有工业用地纳入管控范围

工业用地划定保护区之后，需要考虑保护区之外的工业用地如何管理和控制，建议将整个产业用地分为产业保护区、产业过渡区、产业整治区等三种主要类型。其中产业保护区可以细分为底线控制区、总量控制区，前者是保证空间位置和数量不改变，后者是根据保护区范围内保持总规模前提下可以动态调节，预留一定的用地功能转换弹性，有助于协调规划期限内近远期工业用地的实施问题。

（三）产业发展保护不能"毕其功于一役"

产业发展保护不是一个单一维度的问题。生态保护的思维是"应保尽保"，强调生态系统的完整性和功能性。而产业发展保护和城市的发展阶段、定位和战略选择、城市经营的成本和收益预期、房地产开发的节奏、就业的需求和供给能力等诸多问题相关。其规模也并非像生态功能一样有明确的界定标准，因此，工业保护边界在哪里、容量是多少，不仅仅是一个底线问题，更是一个涉及城市发展阶段判断和治理的重大战略、决策问题。因此，必须跳出工业看工业，从城市发展战略、经济增长、调控合理的城市空间比例等方面综合评估，对划定的不同产业发展保护区，应给予不同的管理方式方法。并结合时序考虑，只有将不同的时序与城市发展的不同阶段以及不同阶段的战略选择相匹配，才能形成一个完整的管控体系，才能长效、有效地管理。

表4-9

上海、广州、深圳及宝安区对工业区块划定内容一览表

	用地类型	管理部门	划定范围	划定技术方法	主要管理要求	线外工业用地
上海	工业用地（含开发区、产业基地、城镇工业地块）	市经济信息化委	规划104区块，现状的195km²，占建设用地比例10～15%。	1.104区块为规划工业区块；2.195区域为规划工业区块外、集中建设区内的现状工业用地；3.198区域为集中建设区外的现状工业用地	1.104区块工业区块推行有进有出、动态管理，近期总量保持稳定平衡，中长期总量规模稳中有降；2.195区块对列入《目录》的重点企业，可保留原工业用地性质或转为研发总部类用地，并纳入地区规划	198区域整治、土地复垦
广州	工业用地、仓储用地（含各类开发区）	市国土规划局	共95块产业区块，面积325平方公里，占建设用地比例17.74%。	1.经国家审核公告或省认定的各类开发区；2.城乡规划中用地面积在30公顷以上的集中工业用地。	1.明确使用地建造3层及以上多层厂房等多种方式提高工业用地利用效率，并规定工业用地容积率下限；2.单个工业建设项目用地所需行政办公及生活服务设施用地面积不得大于总项目用地面积的7%或建筑面积不得大于工业项目总建筑面积的14%	没有提及
深圳	工业用地	市规划国土委	规划的270平方公里，占建设用地比例不低于30%。	1.一级线划定依据：现状工业基础较好、集中成片，符合城市发展规划要求；2.二级线划定依据：位于基本生态控制线外，现状工业基础较好、集中成片，虽在城市规划中确定为其他用途，但近期仍保留为工业用途的用地划分	1.一级线其他非工业用途线内的用地占用面积原则上不得超过该区块用地面积的40%；2.二级线依照规划实施	按照规划实施
深圳宝安区	工业用地、仓储用地	区产业发展工作领导小组办公室	83.22平方公里，占建设用地面积的23.8%	1.制造业基础好、集中连片，符合城市规划的产业园区用地；2.市、区两级重点产业园区用地；3.对区国民经济和产业发展有重大保障作用的现状工业用地；4.其他需要划定的工业用地	1.主导用途的建筑面积不宜低于总建筑面积的70%；2.仓储用地，主导用途的建筑面积不低于总建筑面积的85%；3.物流用地，主导用途的建筑面积不宜低于总建筑面积的60%，不得变相将建筑用地非产业功能作其他用途	没有提及

部分城市工业用地利用管理的实践探索   表4-10

区域	文件名称	政策内容
上海	《上海市临港产业区管理办法》2010.6	产业区专项发展基金、改进产业区项目认定
	《上海市化学工业区管理办法》2011.7	工业区专项发展基金、工业区环境评价
	《关于统筹优化全市工业区块布局的若干意见》2013.5	工业区块布局、目录管理、工业区二次开发
	《关于建立本市工业区块规划实施评估工作机制有关事项的通知》2013.9	工业区规划实施评估
	《上海市工业区转型升级三年行动计划（2013～2015年）》2013.10	工业动态管理、存量工业用地盘活、工业用地减量化
	《上海产业用地指南（2016版）》2016.1	工业用地评估
	《关于加强本市工业用地出让管理的若干规定》2016.3	全生命周期管理、产业准入、弹性年期出让
	《关于本市盘活存量工业用地的实施办法》2016.3	零星工业用地开发、全生命周期管理
	《关于推进供给侧结构性改革促进工业稳增长调结构促转型的实施意见》2016.4	工业供给侧结构性改革、工业创新转型
	《上海市工业区转型升级"十三五"规划》2016.12	土地二次开发、盘活存量土地
	《关于创新驱动发展巩固提升实体经济能级的若干意见》2017.5	工业用地减量化、弹性年期出让
广州	《关于规范广州市农业产业化生产配套设施用地管理的意见》2009.2	分类管理、强化监督管理
	《广州市工业用地储备和公开出让规定》2009.11	分级储备
	《广州市提高工业用地利用效率试行办法》2015.2	产业项目准入、分期供给、全过程动态管理
	《广州市工业转型升级攻坚战三年行动实施方案（2015～2017年）》2015.6	工业转型、工业创新
	《广州市工业转型升级发展基金管理暂行办法》2015.10	工业转型升级发展基金、基金管理运作
深圳	《深圳市工业项目建设用地审批实施办法》2006.6	统一规划、统一审批
	《深圳市集约利用的工业用地地价计算暂行办法》2006.6	不同容积率计收不同的地价
	《深圳市工业用地招标拍卖挂牌出让工作近期实施方案》（2006～2008）2006.9	招标拍卖挂牌出让
	《深圳市人民政府关于工业区升级改造的若干意见》2007.3	工业用地二次开发、工业区升级改造
	《深圳市工业区升级改造总体规划纲要》（2007～2020）2007.8	工业区升级改造
	《深圳市工业及其他产业用地使用权出让若干规定》2007.10	招拍挂出让用地、差别供地

区域	文件名称	政策内容
深圳	《工业项目建设用地控制指标》2008.9	建设用地控制指标
	《深圳市人民政府——关于加快推进我市旧工业区升级改造的工作方案》2008.9	旧工业区升级改造
	《深圳市工业楼宇转让暂行办法》2008.9	工业楼宇转让
	《深圳市人民政府关于加快产业转型升级的指导意见》2011.11	优化产业结构、加快产业转型升级
	《深圳市加快产业转型升级配套政策》2012.8	产业转型升级、清理淘汰低端企业
	《深圳市人民政府关于优化空间资源配置促进产业转型升级的意见》(1+6文件) 2013.1	城市空间规划、空间资源供给
	《深圳市创新型产业用房管理办法(试行)》2013.4	租售并举、创新型产业用房
	《深圳市完善产业用地供应机制拓展产业用地空间办法(试行)》2014.3	村集体土地入市、用地供需平台
	《深圳市人民政府关于进一步加强土地管理推进节约集约用地的意见》2016.6	节约集约用地、提高土地管理水平
	《深圳市工业及其他产业用地供应管理办法(试行)》2016.10	产业区分供应、弹性年期供应
江苏	《江苏省政府办公厅关于印发江苏省工业用地招标拍卖挂牌出让办法(试行)的通知》2007.2	招标拍卖挂牌出让
	《关于印发江苏省工业用地出让最低价标准的通知》2007.3	工业用地出让最低价标准
	《关于全面推进节约集约用地的意见》2014.4	空间优化、五量调节、综合整治
	《关于改革工业用地供应方式促进产业转型升级企业提质增效的指导意见》2016.9	企业生命周期、弹性年期出让、工业用地综合评估考核
宁波	《工业用地招标拍卖挂牌出让组织实施的工作程序》2007.5	招拍挂出让、批后监管
	《浙江省宁波市人民政府关于实施工业创业创新倍增计划的若干意见》2008.4	保障优势产业用地、提高准入门槛
	《宁波市政府关于加强工业用地管理优化产业结构的意见》2008.9	完善招拍挂、闲置低效用地改造利用
	《关于调整工业用地结构促进土地节约集约利用的意见(试行)》2010.8	盘活土地、用地结构转型、集约节约利用
	《宁波市人民政府关于加强土地出让管理工作的通知》2016.1	规范出让行为、批后监管
	《宁波市国土资源局关于印发2017年国土资源工作要点的通知》2017.4	差别化用地、弹性年期出让、绩效评估

续表

区域	文件名称	政策内容
无锡	《关于进一步加强土地管理切实保障经济社会发展用地的若干意见》2004.3	完善土地利用规划、土地整治
	《无锡市人民政府关于进一步加强土地集约利用工作的通知》2005.1	优化土地利用结构、严格土地供应调控
	《关于工业性项目等用地市场化运作的意见》2007.1	工业项目市场化运作、招拍挂出让
	《无锡市工业用地转让管理暂行办法》2009.5	转让登记、事后监管
	《无锡市进一步推进节约集约用地促进产业转型升级实施意见》2011.12	盘活存量土地、批后监管、严格土地利用规划
	《关于加快产业转型升级促进经济又好又快发展的政策意见》2012.3	定向招商、土地定向供应、现代化考核
	《无锡市国有建设用地使用权公开出让规定》2012.9	招拍挂出让、净地出让
	《市政府办公室关于印发无锡市城镇低效用地再开发实施方案的通知》2015.3	低效用地再开发、收购改造、"退二进三"转型发展

专题 5　顺德区产业发展管理机制体制研究

中国科学院地理科学与资源研究所

2019 年 10 月

一、我国工业用地供应与管理政策演变

伴随着中国经济体制从计划经济向市场经济的转变，中国工业用地供应制度也相应地做出了响应，总体上经历了从"无偿、无限期、无流动"到"有偿、有限期、有流动"的转变过程。工业用地供应政策具体可以划分为"行政划拨—协议出让—招拍挂出让"三个阶段。这三种供地政策在相应的历史阶段为中国经济发展做出了贡献，并因其历史局限性和市场经济改革的推进而转变、突破和更替。

（一）行政划拨

新中国建立后，通过接管、没收、收回、改造等多种手段逐渐构建了城市土地国有制度。为尽快改变中国工业落后的局面，大量土地被用于工业建设。1954年政务院发布的《关于对国营企业、机关、部队学校等占用市郊土地征收土地使用费或租金问题的批复》规定"国营企业经市人民政府批准占用的土地，不论是拨给公产或出资购买，均应作为该企业的资产，不必再向政府缴纳租金或使用费"，由此开始了城市土地无偿使用的历程。在高度集中的计划经济体制下，资源配置完全通过行政指令性计划和实物指标进行，工业用地的配置也不例外。工业用地供应按照计划经济运行的模式实行审批制，用地单位只要支付土地取得成本，无需另外向政府交纳土地收益。当时的产业发展尚处于初级阶段，对工业项目本身的要求不高，只要工业项目能通过项目主管部门的审批，其用地都能保障，而对用地规模、用地效益、用地类型等没有提出进一步的要求。本阶段的工业用地供应表现出划拨手段的行政性、使用期限的无限制性、土地获取和使用的无偿性、土地物权的无流动性四个鲜明的特点。

工业用地划拨使用对于防止土地的投机、保障国民经济发展发挥了重要的作用。但采用行政手段配置工业用地，忽视了经济规律的作用，逐渐暴露出诸多弊端：一是工业用地无偿使用导致国有土地所有权在经济上不能实现，阻碍了市场机制的建立；二是忽视市场机制的作用，导致工业用地利用效率低下，造成工业用地的巨大浪费；三是造成城市空间结构的紊乱。

（二）协议出让

伴随市场经济体制改革和对外开放，传统的工业用地划拨使用已不能适应经

济发展的要求，尤其是外资的流入冲击了中国城市土地市场，倒逼对工业用地使用进行制度改革。国家 1979 年开始对中外合资企业征收土地使用费，开始了工业用地有偿使用的探索。1980 年国务院印发的《关于中外合营企业建设用地的暂行规定》（国发〔1998〕201 号）提出"中外合营企业用地，不论新征用土地还是利用原有企业的场地，应计收场地使用费"。虽然当时场地使用费的标准很低，远远不能体现国有土地所有权的经济价值，但标志着国有土地有偿使用迈出了重要一步。1988 年，《宪法》修订中增加了"土地的使用权可以依照法律的规定转让"，同年《土地管理法》的修订中补充规定"国家依法实行土地有偿使用制度，国有土地和集体所有的土地使用权可以依法转让"。这标志着中国开始全面进入国有土地有偿使用阶段。1990 年，国务院颁布了《城镇国有土地使用权出让和转让暂行条例》（国务院令第 55 号）指出"按照所有权与使用权分离的原则，实行城镇国有土地使用权出让、转让制度""工业用地使用权出让最高年限五十年""土地使用权可采取协议、招标、拍卖"，从而全面结束了以往无偿、无限期、无流动的国有土地使用制度。

城市土地有偿使用制度让国有土地所有权在经济上得到实现，为国家财政、城市基础设施建设提供了大量资金。然而，由于计划经济思维的惯性，当时的工业用地有偿使用基本上采用协议出让方式。把工业用地视为非经营性用地并优先供给有利于对外招商引资。此外，放宽工业用地供应总量，不仅可长久地增加税收，还可增加就业，是地方经济繁荣和发展的基础。然而，由于协议出让仍带有浓厚的行政色彩，土地使用权价格也并非为市场竞争形成，未能充分体现出土地市场所具有的配置资源的功能。工业用地的协议出让暴露出较多弊端：一是地方政府为了招商引资，常低价甚至零地价出让土地，导致了工业用地的价格无法呈现市场化的趋势，成为我国土地政策失效的深层次原因；二是由于企业获取土地的成本低，引发了圈地、囤地等土地投机行为，导致工业用地的闲置、低效利用；三是协议出让给地方政府官员留下了巨大的"寻租"空间。

（三）招标拍卖挂牌出让

为了有效解决工业用地协议出让的各种不良后果，促进土地市场化进程，国务院于 2004 年发布了《关于深化改革严格土地管理的决定》（国发〔2004〕28 号），首次提出了工业用地要逐步实行招标、拍卖、挂牌出让，为工业用地市场化供应指明了方向。2006 年国务院发布《关于加强土地调控有关问题的通知》

（国发〔2006〕31 号）规定"工业用地必须采取招标拍卖挂牌方式出让，其出让价格不得低于公布的最低价标准"。2007 年，国土资源部联合监察部发布《关于落实工业用地招标拍卖挂牌出让制度有关问题的通知》（国土资发〔2007〕78 号）对工业用地招标拍卖挂牌出让中工业用地地块面积、规模、结构、布局、出让底价和工业项目的用途、产业类型、生产技术等提出了要求。为了进一步完善工业用地出让制度，2009 年两部委又联合发布了《关于进一步落实工业用地出让制度的通知》（国土资发〔2009〕101 号），进一步强调要严格执行工业用地招标拍卖挂牌制度，并要求各地要在坚持工业用地招标拍卖挂牌出让制度的基础上充分考虑工业用地的特点和工业用地需求，合理选择出让方式，合理安排出让进度和出让规模，严格限定协议范围。

工业用地招标拍卖挂牌出让制度对社会经济发展和城市建设具有积极的作用：一是发挥了市场竞争机制，使土地资源的价值真正得到体现，为经济发展和城市建设提供了巨额资金；二是增加了工业用地供应的公开性和监督性，有效抑制了违法用地的产生，有效抑制了寻租行为；三是进一步改善了投资环境，让投资者更多地考虑综合投资环境而不是土地价格，形成"投资环境——土地价格——土地收益"的良性循环；四是工业用地出让最低价标准有利于解决不同区域间、同一区域内的无序竞争问题，并有利于形成地区间的公平竞争环境。然而，现行的工业用地招拍挂制度仍然存在一些问题：一是地方政府依赖土地财政现象日益严重。全国 31 个省市自治区的土地出让收入占预算内财政收入的比重从 1998 年的 10% 迅速提高到了 2010 年的 67.6%。二是部分地方政府为招商竞争、吸引投资而实行低地价政策，将地价定位于工业用地最低保护价，"多地一价"现象普遍，致使工业用地市场流于"有形"，影响土地市场的健康发展。三是在招拍挂过程中过多地让企业在获得用地后，对投资、产值、税收、就业等多方面做出承诺，给招拍挂带来严重的负担，从而使得市场机制作用受到严重影响。四是地方政府通常采取的一次性 50 年期出让不仅给企业带来较大的经济负担，而且 50 年出让年期与企业生命周期不符，导致土地闲置低效利用。因此，有学者提出的弹性土地出让、年租制等方式可作为目前出让方式的补充。

二、顺德区现行的工业用地政策

顺德区近 10 年来，不断完善了工业用地出让、利用、整治和工业区鼓励激励等政策（表5-1）。

顺德工业用地利用管理政策　　　　　　表5-1

编号	顺德区工业政策	颁布时间
1	关于规范和调整工业区扶持政策的通知（顺德区）	2006.12
2	顺德区促进工业设计实施办法	2010.07
3	关于印发顺德区促进工业设计创意产业发展实施办法的通知	2010.12
4	顺德区促进工业设计创意产业发展实施办法	2010.12
5	顺德区信息化与工业化融合专项资金管理办法	2011.10
6	顺德区工业用地公开交易办法	2012.07
7	顺德区关于推动骨干企业做大做强扶持办法	2013.05
8	顺德区工业用地建设履约金管理暂行办法	2013.07
9	顺德区村级工业区整治提升工作方案	2014.04
10	顺德区关于推进"机器代人"计划 全面提升制造业竞争力实施办法	2014.07
11	顺德区工业用地公开交易管理办法	2015.12
12	顺德区工业企业技术改造事后奖补实施细则	2016.09
13	顺德区工业园区引入"环保管家"及工业企业配备环保注册师暂行办法	2017.07
14	顺德区提升工业用地利用效率管理办法	2017.08

（一）提高用地准入条件，促进节约集约用地

《顺德区工业用地公开交易管理办法》（2015）中规定工业用地所建项目的产业类别应符合《产业结构调整指导目录（2011年本)》或《外商投资产业指导目录（2015年修订)》中的鼓励类和允许类产业，及《战略性新兴产业重点产品和服务指导目录》《中国制造2025》、"互联网+"等国家鼓励发展的新产业、新业态。严禁发展列入国土资源部、国家发展和改革委员会制定的《限制用地项目目录（2012年本)》和《禁止用地项目目录（2012年本)》的产业项目以及工艺技术落后、严重浪费资源、单位能耗大或达不到环保规定的产业项目，推动节能降耗，引领产业升级。新工业用地发展工业项目需符合节能环保标准。新供工业用地允许发展的工业项目的万元增加值综合能耗应不高于拟引入项目用地公告当年的上一年度全区规模以上工业企业万元增加值综合能耗。工业用地允许发展的工业项目的大气、水和固体污染物及辐（放）射源排放须符合相应的国家、广东省和顺德区地方标准的要求。

此外，新供工业项目用地投资强度和税收强度需达到相应标准。新供工业项目用地自交地之日起 24 个月（10 公顷以下用地）/36 个月（10 公顷以上用地）内固定资产投资强度原则上不得低于 220 万元 / 亩。新供工业项目用地项目一般应在项目竣工后一年内进入试产阶段，竣工后两年内进入投产阶段，竣工后第三年纳税额须不低 30 万元 / 亩。

（二）探索多元化供地，优化工业用地供应结构

《顺德区提升工业用地利用效率管理办法》（2017）中规定为落实供给侧结构性改革，扩大工业用地有效供给，保障新增工业用地利用效率，推进存量低效工业用地再开发，提升我区工业土地利用效率，鼓励依法以国有土地租赁方式取得工业用地，土地租赁期限最长不得超过 20 年。在租赁期内，地上建筑物、构筑物及其附属设施可随承租土地使用权一并转租、转让或抵押。探索推进先租后让、租让结合方式使用土地。先租后让指的是竞得人与国土资源主管部门签订"2+3+N"的土地出让合同，在合同中明确约定 2 年基建租赁期、3 年投产租赁期和 N 年出让期需缴纳的土地价款、各期届满前须达到相应的土地使用条件及验收评估要求，"2+3+N"总年限最高不超过 50 年。租让结合则是厂房及配套用地、企业内部行政办公及生活服务设施用地等生产办公必需用地通过出让方式供应；露天堆场、停车场用地、绿地及其他用地通过租赁方式供应，租赁年限原则上不超过 5 年，租赁期满后续期的，需采取公开交易方式重新确定。

（三）存量土地再开发，助推产业新业态的发展

《顺德区提升工业用地利用效率管理办法》（2017）中鼓励利用存量房产进行制造业与文化创意、科技服务业融合发展，原制造业企业和科研机构整体或部分转型、转制成立独立法人实体，从事研发设计、勘察、科技成果转化转移、信息技术服务和软件研发及知识产权、综合科技、节能环保等经营服务的以及其他符合《关于支持新产业新业态发展促进大众创业万众创新用地的意见》文件要求的，可继续按原用途和土地权利类型使用土地的过渡期政策实行。过渡期支持政策以 5 年为限，5 年期满及涉及转让需办理相关用地手续的，可按新用途、新权利类型、市场价，以协议方式办理。此外，在符合城乡规划的前提下，现有制造业企业通过提高工业用地容积率、调整用地结构增加服务型制造业务设施和经营场所的，其建筑面积比例不超过原总建筑面积 15% 的，可继续按原用途使用土地，但不

得分割转让。

(四) 通过环保监督机制，强化村级工业园区整治

《顺德区村级工业区整治提升工作方案》(2015) 中规定要按照合理规划、适度集聚、利益权衡、强化管理的原则，采取"淘汰、整治、提升"三步走以及试点先行的方式，大力推动村级工业区环境整治工作。重点淘汰一批重污染工业企业，强化环境监督管理；完善市政基础设施，推行污染集中治理；优化产业结构，引导产业集聚发展，全面提升村级工业区的运营水平、管理水平。

在淘汰阶段，全面取缔无牌无证企业；取缔不符合现有国家产业政策和环境保护准入要求，以及采用国家明令淘汰的落后设备和工艺的工业企业；取缔位于水源保护区等生态保护红线内的工业企业；对存在严重违法排污、环境风险高且被反复投诉仍没有改善的行业和企业，采取措施分步淘汰。在整治阶段，推行污染物减排措施，严控企业偷排污染物，实现工业区内企业污染物排放总量削减不低于 50% 的目标。此外，加强对企业的全过程监督管理，重点规范对化工、金属制品、家具、印刷以及含金属表面处理（酸洗、喷漆等）工序等重污染行业的管理。在提升阶段通过完善基础设施、优化工业布局、严格环保准入等措施，整体提升村级工业区。

三、工业用地全过程管理的制度建设

根据深入的调研与分析，顺德区工业用地存在的问题主要集中在村集体用地。村集体工业用地占比高，集体工业用地存在牵涉村民利益、权属复杂、用地手续不全、租期过长等多种问题，特别是大量碎片化的集体流转用地的存在使空间整合、升级的难度加大。因此如何盘活村集体工业用地才是顺德区工业用地管理的当务之急。

(一) 加强工业企业生命周期研究，完善弹性出让制度

目前，顺德区村集体建设用地大多数因为权属问题并未到期，对于极少一部分到期的村集体用地，采用了每 3 年一租的弹性出让制度。但工业企业的生命周期存在较大的行业差异和规模差异。对于像顺德区这样拥有 17 万企业的工业立市的城市来说，加强对不同产业、企业的生命周期研究十分有必要，可为政府建

立差异化的工业用地弹性出让制度提供重要依据（图 5-1、图 5-2）。

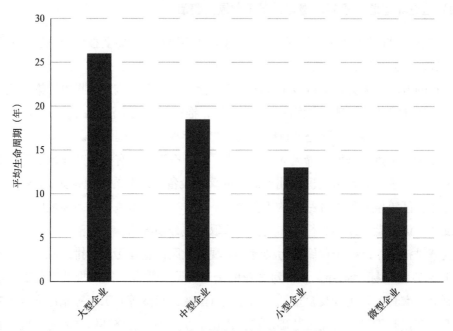

图 5-1　大中小微企业的平均生命周期

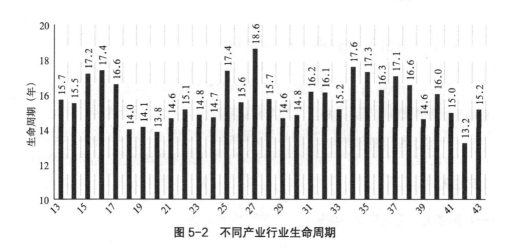

图 5-2　不同产业行业生命周期

以顺德区经济和科技局编制的《顺德区产业发展保护区产业发展指导目录》（以下简称"目录"）为指导，利用工商部门提供的企业信息与数据，对目录中所提出的鼓励类产业（战略性新兴产业、传统优势制造产业、现代服务业等）的不同门类行业，结合顺德区的实际区情进行产业生命周期研究，以完善不同产业的工业用地弹性出让制度（表5-2）。

产业代码一览表 表5-2

代码	13	14	15	16	17	18
名称	农副食品加工	食品制造	饮料制造	烟草加工业	纺织业	纺织服装鞋帽制造
代码	19	20	21	22	23	24
名称	皮革、毛皮、羽绒及其制品业	木材加工及竹、藤、棕、草制品业	家具制造业	造纸及纸制品业	印刷业、记录媒介的复制	文教体育用品制造业
代码	25	26	27	28	29	30
名称	石油加工、炼焦及核燃料加工业	化学原料及化学制品制造业	医药制造业	化学纤维制造业	橡胶制品业	塑料制品业
代码	31	32	33	34	35	36
名称	非金属矿物制品业	黑色金属冶炼及压延加工业	有色金属冶炼及压延加工业	金属制品业	通用设备制造业	专用设备制造业
代码	37	39	40	41	42	43
名称	交通运输设备制造业	电气机械及器材制造业	通信设备、计算机及其他电子设备制造业	仪器仪表及文化、办公用机械制造业	工艺品及其他制造业	废弃资源和废旧材料回收加工业

（二）加强工业项目分类招选，提高工业项目准入门槛

根据顺德区用地效率低下、工业企业急需升级改造的实际区情，应加强工业项目的分类招选，加强工业企业的生命周期研究，按照总投资额、单位面积投资强度、达产后平均纳税额且达到环保标准等条件对工业项目进行分类管理，具体如下：

（1）重点、优先引进"三高"工业项目。对3个指标都较高的工业项目采用"一企一策"挂牌方式出让，优先安排该类企业扩大生产所需的工业用地。

（2）合理、招标引进"三中"工业项目。对3个指标中等的工业项目采用拍卖或招标方式出让，不安排新的工业用地，通过挖掘潜力盘活存量，提高现有工业用地利用效率。

（3）酌情、招标引进"三低"工业项目。对3个指标较低的工业项目采用"先

185

租后售"或"一次性招标（拍卖）"方式出让。

（4）支持投入－产出效率高的成长性企业。对于"高税无地""高税少地"成长性企业，每年选择一定比例以挂牌出让方式供地。"高税无地""高税少地"企业用地面积根据可出让用地总面积及企业项目质量、发展前景等内容统筹安排。

建议研制《关于完善工业项目招选和改革工业用地供应方式促进产业转型升级的指导意见》，提出工业项目分类的标准，结合工业项目类型以及工业企业的生命周期，实现差别化的供地方案。

建议研制《顺德区工业用地建设标准》，对建筑密度、容积率、投入强度、产出强度等进行规范，并体现行业差异、区域差异和园区差异。

（三）多部门协同强化工业用地退出机制

企业有其生命周期，有一个从创立、成长、成熟到消亡的过程。特别是在经济全球化的背景下，或许有些企业在不断地成长壮大，而另一些企业面临着破产消亡。根据顺德区工业企业多、用地效率低的实际区情，有必要构建顺德区工业用地退出机制，机制建立的基本目标是通过规划限制和政策引导让顺德区土地利用效率低、严重不符合"双达标"、濒临破产的企业主动放弃或申请退出工业园区，实现土地利用高效化和集约化发展。

（1）协同整合国土部门、环保部门和安全生产部门关于双达标的审批流程。作者在调研的过程中发现，很多企业并不是不想根据政府的要求办理"双达标"，无奈多重手续的办理和历史遗留问题让他们很苦恼。建议协同整合国土部门、环保部门和安全生产部门"双达标"的审批流程，让愿意办理双达标及提升改造的企业及时办理。对于严重不符合"双达标"及用地效率低的企业采用工业用地退出机制。

（2）采用明确、可操作性的引力机制、推力机制和压力机制并行的治理手段进一步完善工业用地退出机制。调研的过程中，企业最多的呼声是"要出路"，要一条明确的出路。引力机制是通过适当的福利政策安排及补偿，或明确的指引方向使得工业企业主动退出工业用地，但所享受的福利不小于保有现有工业用地的福利，对于农民来说分红也没有减少，从而引导工业企业自愿腾出现有工业用地。压力机制建立的基本途径是建立企业土地利用信息核查及动态管理制度，同时增加土地保有环节的税费负担，迫使企业退出工业用地。推力机制主要针对需要面临产业结构调整和产业转移的企业，其建立的基本途径是构建具有可操作性的进入和退出的转换接续措施，如电镀行业引导迁入恒鼎工业园。

（四）实行工业用地交易许可制和申报制

工业用地交易许可制和申报制主要针对工业企业转让退出工业用地的情景。国土部门需要对拟进行交易和土地分割行为的土地进行审核。审查合格后发放许可证。若无许可证，便不能进行土地使用权转移登记。

工业用地交易许可制和申报制需要关注三个方面：一是土地用途，不能随意改变工业用地用途；二是交易面积，需要规定交易面积的下限；三是申报价格，若申报价格在基准价格一定水平以下时，政府要劝告申报者按基准价格以上的价格再申报，若不听劝告，由政府经营的土地开发公司使用先买权，按申报价格购买。

建议修订完善《顺德区工业用地公开交易管理办法》，对工业用地（或楼宇）用途、交易方式、交易面积、交易价格等进行申报登记，并依托不动产登记平台实行信息查询和发布，防止工业地产化，提升企业创造活力。

（五）加强项目审批、开竣工和投产的监管

从顺德区工业用地现状分析看，工业用地低效利用的现象较为普遍，应严格工业用地预审、审批和批后监管工作，应从5个方面加强工业用地监管，防止闲置。

（1）严格用地预审。在项目可行性论证阶段，积极引导企业提高建筑密度、投资强度，建筑物向空中、地下立体式延伸，提高土地利用率。

（2）严格用地审批管理。坚持从严从紧的供地政策，严格控制投资强度、容积率、厂房用地比例和绿地率四项指标，严格执行建设用地审批会审制度，实行建设用地审批联席会议制度，对所有行政审批事项集体讨论、集体决策、集体审批，杜绝暗箱操作。

（3）加强项目开竣工及投产管理。首先对项目动工、竣工和投产期限的监督，可以约定实施项目时间履约保证金（保函）制度，按照合同约定以土地出让价款的一定比例向相关部门缴纳。对准备立项的项目，加快项目前期工作，促其早日动工；对新开工项目，积极帮助其协调理顺关系，解决项目开工过程中存在的具体问题，保证施工顺畅；对接转续建项目，加强调度，确保项目的早建成、早投产。这一过程最重要的是严格规定了项目的开、竣工期限。对进度缓慢的项目，以事先告知的形式提醒、督促其按约定时间进行工程建设；对迟迟未能动工或进展缓

慢的项目，按照规定依法收取土地荒芜费，并纳入重点管理，实行限期建设达标。对因其他原因未能按合同约定进行建设而造成土地浪费的，依法收回部分土地使用权。

（4）加强土地市场动态监测。及时将征转用、土地储备、供应、土地抵押、转让、出租及集体建设用地信息录入土地市场动态监测和监管系统，对交地、开工、竣工、土地闲置认定及处置、竣工验收等开发利用情况及时进行监管，并将实际监测的结果进行实时录入。对企业的土地利用进行监管，包括新增工业用地的土地利用结构、土地利用强度和土地利用效益是否达到了国家、省、市和开发区的工业用地建设标准等。如没有达到上述标准，责令限期整改或强制其退出园区。

（5）建议研制《关于完善现行工业用地招拍挂出让的意见》，对出让方式、用地预审、审批管理、合同管理、施工管理以及利用动态监测做出规定。

（六）依照产业类型引导产业集聚

根据不同的产业类型制定不同的政策，以逐步引导产业的空间集聚。对具有较高污染的产（企）业实行集中化管理。如恒鼎工业园对电镀行业进行了集中管理，并将其成功模式根据不同实际情况复制到其他产业园区，较好地引导了其他产业园区的建设（如均安的牛仔服装及洗水产业园、杏坛的电镀环保产业园）。制定优惠的政策引导不同类似的产业向不同的主题产业园区集聚。如为勒流新城五金产业园区制定优惠的政策，引导五金产业向该地集聚。对产出效率低、污染较高的产业，利用双达标等治理手段逐步进行治理。继续强化"打击淘汰一批，整治提升一批，强化监管一批"的思路，为整合工业用地使用空间提供支持。

（七）强化税费调节的激励约束机制

积极探索税费调节的激励约束机制。实行工业用地集约利用评价与年度计划供应、开发区（园区）扩区升级、鼓励制度相挂钩制度。对企业而言，一方面鼓励企业对现有厂区进行土地资源的挖潜利用，另一方面惩处土地粗放利用行为。如可规定企业在现有厂区内改建、翻建厂房，免收城市基础设施建设配套费、配套补助费及其他所规定的相关费用；在现有厂区内扩建、新建厂房，按规定标准减半收取；鼓励建设多层标准厂房，除有特殊工艺要求不宜建设多层厂房的项目外，一般工业项目不得建设单层厂房。违反规定建设单层厂房的，加倍征收相关费用或收回土地等。

（八）构建企业用地信用评级和责任追究机制

市场经济是建立在信用体系基础之上的，作为一种长效的激励机制要使市场主体自身的信誉不断加强，树立良好的形象，未来顺德区可构建企业用地信用评级和责任追究机制

要按照预计的建设周期，及时审核建筑物的实际用途和业态，如果发生异常应进行专项检查。对于变更工业用地用途和不符合额定用地标准的企业，要在信用档案中特别记载并公示其违规行为。政府随后还将取消其享有的优惠政策，并对今后的用地情况进行限制。

（九）建立建设用地电子动态监管系统

利用可视化手段建立顺德区建设用地动态监管系统。利用高清遥感数据、无人机等重要手段，基于国土资源基础数据库和"一张图"管理的三维实景平台，将建设用地预审、审批、监管全程网络化操作，实时动态监管，实现对建设用地动态化、自动化、网络化和精细化管理。

各地区不同时期工业用地容积率与国家标准对比　　　　　表5-3

代码	行业分类	2008 国标	2008 河南	2008 湖北	2008 天津	2008 上海	2010 江苏	2011 浙江	2011 安徽	2012 上海	2013 福建	2014 浙江
13	农副食品加工业	≥ 1.0	≥ 1.0	≥ 1.0	≥ 1.0	≥ 0.46	≥ 1.0	≥ 1.0	≥ 1.0	≥ 0.55	≥ 1.2	≥ 1.0
14	食品制造业	≥ 1.0	≥ 1.0	≥ 1.0	≥ 1.0	≥ 0.51	≥ 1.0	≥ 1.0	≥ 1.0	≥ 0.60	≥ 1.2	≥ 1.0
15	饮料制造业	≥ 1.0	≥ 1.0	≥ 1.0	≥ 1.0	≥ 0.53	≥ 1.0	≥ 1.0	≥ 1.0	≥ 0.64	≥ 1.3	≥ 1.0
16	烟草加工业	≥ 1.0	≥ 1.0	≥ 1.0	≥ 1.0	≥ 1.12	——	≥ 1.0	≥ 1.0	≥ 1.77	≥ 1.1	≥ 1.2
17	纺织业	≥ 0.8	≥ 0.8	≥ 0.8	≥ 0.8	≥ 0.76	≥ 0.8	≥ 0.8	≥ 1.2	≥ 0.76	≥ 0.8	≥ 1.0
18	纺织服装鞋帽制造业	≥ 1.0	≥ 1.0	≥ 1.0	≥ 1.0	≥ 0.64	≥ 1.0	≥ 1.0	≥ 1.2	≥ 0.80	≥ 1.5	≥ 1.2
19	皮革、毛皮、羽绒及其制品业	≥ 1.0	≥ 1.0	≥ 1.0	≥ 1.0	≥ 0.60	≥ 1.0	≥ 1.0	≥ 1.2	≥ 0.83	≥ 1.3	≥ 1.0
20	木材加工及竹、藤、棕、草制品业	≥ 0.8	≥ 0.8	≥ 0.8	≥ 0.8	≥ 0.48	≥ 0.8	≥ 0.8	≥ 1.2	≥ 0.57	≥ 0.9	≥ 1.0
21	家具制造业	≥ 0.8	≥ 0.8	≥ 0.8	≥ 0.8	≥ 0.61	≥ 0.8	≥ 0.8	≥ 1.0	≥ 0.68	≥ 1.2	≥ 1.0
22	造纸及纸制品业	≥ 0.8	≥ 0.8	≥ 0.8	≥ 0.8	≥ 0.45	≥ 0.8	≥ 0.7	≥ 0.7	≥ 0.49	≥ 1.2	≥ 0.8
23	印刷业、记录媒介的复制	≥ 0.8	≥ 0.8	≥ 0.8	≥ 0.8	≥ 0.74	≥ 0.8	≥ 0.8	≥ 1.5	≥ 0.74	≥ 1.4	≥ 1.0
24	文教体育用品制造业	≥ 1.0	≥ 1.0	≥ 1.0	≥ 1.0	≥ 0.64	——	≥ 1.0	≥ 1.2	≥ 0.75	≥ 1.3	≥ 1.1
25	石油加工、炼焦及核燃料加工业	≥ 0.5	≥ 0.5	≥ 0.5	≥ 0.5	≥ 0.20	≥ 0.5	≥ 0.5	≥ 0.5	≥ 0.20	≥ 0.7	≥ 0.5
26	化学原料及化学制品制造业	≥ 0.6	≥ 0.6	≥ 0.6	≥ 0.7	≥ 0.35	≥ 0.7	≥ 0.5	≥ 1.2	≥ 0.36	≥ 0.9	≥ 0.6

续表

代码	行业分类	2008 国标	2008 河南	2008 湖北	2008 天津	2008 上海	2010 江苏	2011 浙江	2011 安徽	2011 上海	2012 福建	2013 浙江	2014 浙江
27	医药制造业	≥ 0.7	≥ 0.7	≥ 0.7	≥ 0.8	≥ 0.49	≥ 0.9	≥ 0.7	≥ 1.0	≥ 0.51	≥ 1.0	≥ 0.8
28	化学纤维制造业	≥ 0.8	≥ 0.8	≥ 0.8	≥ 0.9	≥ 0.46	≥ 0.9	≥ 0.8	≥ 1.0	≥ 0.66	≥ 1.1	≥ 0.8
29	橡胶制品业	≥ 0.8	≥ 0.8	≥ 0.8	≥ 0.9	≥ 0.44	≥ 0.9	≥ 0.8	≥ 1.0	≥ 0.68	≥ 1.1	≥ 0.9
30	塑料制品业	≥ 1.0	≥ 1.0	≥ 1.0	≥ 1.0	≥ 0.56	≥ 1.0	≥ 1.0	≥ 1.0	≥ 0.45	≥ 0.9	≥ 0.7
31	非金属矿物制品业	≥ 0.7	≥ 0.7	≥ 0.7	≥ 0.7	≥ 0.35	≥ 0.7	≥ 0.6	≥ 1.0	≥ 0.26	≥ 0.9	≥ 0.6
32	黑色金属冶炼及压延加工业	≥ 0.6	≥ 0.6	≥ 0.6	≥ 0.6	≥ 0.21	≥ 0.6	≥ 0.5	≥ 1.0	≥ 0.57	≥ 0.9	≥ 0.6
33	有色金属冶炼及压延加工业	≥ 0.6	≥ 0.6	≥ 0.6	≥ 0.6	≥ 0.43	≥ 0.6	≥ 0.5	≥ 1.0	≥ 0.59	≥ 1.0	≥ 0.8
34	金属制品业	≥ 0.7	≥ 0.7	≥ 0.7	≥ 0.7	≥ 0.55	≥ 0.7	≥ 0.8	≥ 1.0	≥ 0.53	≥ 1.0	≥ 0.8
35	通用设备制造业	≥ 0.7	≥ 0.7	≥ 0.7	≥ 0.7	≥ 0.52	≥ 0.7	≥ 0.8	≥ 1.0	≥ 0.61	≥ 1.0	≥ 0.8
36	专用设备制造业	≥ 0.7	≥ 0.7	≥ 0.7	≥ 0.7	≥ 0.61	≥ 0.7	≥ 0.8	≥ 1.0	≥ 0.46	≥ 1.0	≥ 0.7
37	交通运输设备制造业	≥ 0.7	≥ 0.7	≥ 0.7	≥ 0.7	≥ 0.44	≥ 0.7	≥ 0.8	≥ 1.0	≥ 0.30	≥ 1.0	≥ 0.8
39	电气机械及器材制造业	≥ 0.7	≥ 0.7	≥ 0.7	≥ 0.7	≥ 0.56	≥ 0.7	≥ 0.8	≥ 1.0	≥ 0.66	≥ 1.1	≥ 0.9
40	通信设备、计算机及其他电子设备制造	≥ 1.0	≥ 1.0	≥ 1.0	≥ 1.0	≥ 0.72	≥ 1.1	≥ 1.0	≥ 1.0	≥ 0.78	≥ 1.4	≥ 1.1
41	仪器仪表及文化、办公用机械制造业	≥ 1.0	≥ 1.0	≥ 1.0	≥ 1.0	≥ 0.72	≥ 1.1	≥ 1.0	≥ 1.2	≥ 0.81	≥ 1.1	≥ 1.1
42	工艺品及其他制造业	≥ 1.0	≥ 1.0	≥ 1.0	≥ 1.0	≥ 0.64	≥ 1.0	≥ 1.0	≥ 1.2	≥ 0.64	≥ 1.3	≥ 1.0
43	废弃资源和废旧材料回收加工业	≥ 0.7	≥ 0.7	≥ 0.7	≥ 0.7	≥ 0.22	——	≥ 0.6	≥ 1.0	≥ 0.29	≥ 1.0	≥ 0.6

专题 6　顺德区村集体工业用地利益主体博弈分析

中国科学院地理科学与资源研究所

2019 年 10 月

一、顺德区村集体工业用地治理症结：多方利益平衡

90 年代初，邓小平同志南巡讲话，"不管黑猫白猫，捉到老鼠就是好猫"释放出了发展才是硬道理的讯号。顺德人民敢为天下先的首创精神，在这句普通而又伟大的谚语中再一次得到了体现。建立股份社、发展村级工业园等举措，极大地促进了顺德的经济发展，一时间"村村点火，户户冒烟"。时至今日，顺德204 个村拥有 249 个村级工业园。

20 多年的发展过程中，村级工业园铸就了顺德的辉煌经济成就，同时也带来了一些问题，如村级工业园约占顺德总工业用地的 7 成，但产出只有 3 成左右，用地效率低，且空间分布比较零散，呈现出碎片化的空间格局。即使有优质的大项目注入城市发展，顺德也难以拿出集中连片符合企业要求的用地。应当说，这对在存量土地中寻求新的发展空间提出了极大的挑战。

政府也曾利用三旧改造、双达标、企业迁移入园等手段进行治理，收效甚微，成功案例较少，其根本原因是难以平衡企业、农民等多方的利益。本专题将引入多方利益博弈视角结合详细调研的情况，以分析顺德工业用地空间治理的现状问题，并试图提出相关建议。

二、多方利益主体角色：政府—企业（本地／外来）—股份社／村委会—农民

经过细致调研，顺德区工业用地空间治理的过程中主要存在政府、企业（家）与农民三方利益主体（图 6-1）。

图 6-1　村级工业园治理过程中主要存在的利益主体

企业（家）：可分为早期本土企业（家）与新企业（家）。

早期本土企业（家）主要是指 90 年代各村级工业园建设之初，从股份社和村集体手中租来土地从事经营生产活动的企业（家），以本地人为主，租期一般在 30～50 年不等。新企业（家）：由于盈利较少且新的投资形式出现，多数早期本土企业（家）已渐渐退出市场或者将注意力转向他方。但由于用地租期还未到，将自身的厂房租给了新来的外地人口，即新企业（家）。

农民可分为土地股份社与村委会。

股份社：即农村股份合作经济社。其属于集体经济组织内部的一种产权制度安排，即在按人口落实社员土地承包经营权的基础上，按照依法、自愿、有偿的原则，采取土地股份合作制的形式进行农户土地承包使用权的流转。农户土地承包权转化为股权，农户土地使用权流转给土地股份合作制经济组织经营。土地经营收入在扣除必要的集体积累以后按照社员土地股份进行分配。顺德（1993 年）采用土地股份社形式在国内很早，目前多数采用一人一股的形式进行分红，收益在几百至几千不等。在调研的 204 个村居中收益最低的村居股份分红在 200 元左右一股，收益最高的村居股份分红一股在 8000 元左右。2001 年，股份固化，"生不增，死不减"。

村委会：即村民委员会其为中国大陆地区乡（镇）所辖的行政村的村民选举产生的群众性自治组织。村民委员会是村民自我管理、自我教育、自我服务的基层群众性自治组织，村民委员会由主任、副主任和委员三至七人组成。领导班子产生依赖民主选举，每三年选举一次，没有终身制，任何组织或者个人不得指定、委派或者撤换村民委员会成员。

三、多方利益主体的关系模式及利益博弈

（一）顺德区村集体土地流转和企业落地的三种形式

上世纪 90 年代初在村级工业园发展的过程中，村集体土地流转和企业落地形式上主要分为三种：

①董事会与 CEO 模式。股份社将自身的村集体土地（使用权）出租给村委会，由村委会负责招商引资，将股份社的土地以"以租代卖""以租代征"的形式租给早期本土企业（家），由早期本土企业（家）缴纳土地租金给股份社与村委会，股份社与村委会多数则以 8：2、7：3 等比例分配租金（具体比例由双方

协商，每村情况不同，有些村的村委会并没有参与租金分配）。可以看出，股份社在其中承担的角色更多的像董事会（东家），村委会更像 CEO（掌柜）。

②相互独立存在模式。由股份社自发组织将其土地出租给早期本土企业（家），股份社不与村委会发生太多联系，村委会只是负责日常村内的事务管理。

③独立存在模式。村集体用地被政府征收，村委会变成居委会，与形式②一样，居委会只是负责日常村内的事务管理。

综上可以看出，企业缴纳的土地租金是股份社、村居的重要收入来源，形式②和③中，村（居）委会并未参与任何利益分配。

（二）早期本土企业（家）的发展：从创业到"二房东"

早期本土企业（家）从股份社与村委会手中租来土地，与其签订合同，合同里有两点重要的信息：

① 到期不拥有物权。即早期本土企业（家）在租来的土地上所建的厂房等在合同到期后归村集体（资产办）和股份社所有。

② 村集体每三到五年调整一次租金（也有一次性征收租金的村，如勒流镇绝大多数村，但较少）。

早期本土企业（家）经过 10 多年的创业发展、经营生产，发现自己从事的行业盈利已不像从前那么大，加上出现了多种投资方式（入股其他企业、炒股等），多数早期本土企业（家）已渐渐退出市场或者将注意力转向他方。由于用地租期未到，便将自己的厂房租给了新来的外地人口，即新企业（家）。早期本土企业（家）自己则做起了二房东，每月稳定收取新企业（家）缴纳的厂房租金。

（三）新企业（家）的发展：产业低端化的双重效应

新企业（家）从早期本土企业（家）手中租来了厂房开始从事生产经营活动，但从事的产业比较低端化，主要为大企业（如美的、格兰仕等）从事五金、家电、塑料等相关下游配套工作（多数为三级供货商）。虽然产业比较低端化，但仍带来了积极和消极两方面的效应：

① 积极的效应主要有二：一是由于外来人口的增多（大多数村居的外来人口占该村总常住人口的 50% ~ 80%），逐步促进了村居的经济活力，如使得一些原住居民将自己的民房得以出租、瓜果蔬菜得以出售、为外来人口进行生活服务业配套等；二是新企业（家）虽然从事的产业比较低端化，但依旧值得尊重，他们

像以前早期本土企业（家）那样多数仍然承担了大企业三级供货商的角色，是顺德本地大企业走向全球的功臣。

②　消极的效应从宏观的城市发展角度来看，村级工业园的产业低端化将会阻碍"制造"向"智造"转变，产业升级困难，这也将加大政府未来的治理难度。从中微观的角度来看，由于时间的演化和村级工业园厂房的老化，存在着巨大的安全隐患和环境问题。

（四）政府的治理："三旧改造"与"双达标"

政府通过"三旧改造"和"双达标"[1] 两项政策对村级工业园存在的一些问题进行治理，可效果不佳，其根本原因是难以平衡企业、农民（股民）之间的利益。

①"三旧改造"。除单一产权的情况外[2]，少有改造成功的案例。早期本土企业（家）属于土地的第一使用人，由于产权、物权、续期等现实问题，他们是没有动力改造的。下面以普适性的案例加以说明：如某企业（家）租了30年，现在已经过了25年，还有5年到期，企业（家）投入资本后，5年内可能收不回成本，合同上也注明到期是不拥有物权的，也担心续期出现问题（村集体不再续租），倒不如老老实实做二房东，稳定收取租金。

②"双达标"。其由于历史遗留问题，推行起来也是非常困难的。如按照"双达标"的相关标准，居民楼与工业区厂房的间隔应有50米的距离，大多数并不符合，居民与厂房混合交错布局的现象并不稀奇。如有些村居甚至造假躲避稽查，如表面关闭企业，外面挂上出租招牌，实际却在里面生产。又如某厂房原有1000平米因安全问题需要重建，如果按照"双达标"的最新标准进行更新改造，新建厂房只有450平方米。这些历史遗留问题所带来的困扰主要原因是实践早于法律。顺德在20世纪90年代初进行村级工业园发展时，并没有统一的空间规划，但直到2008年才颁布了《城乡规划法》。

③　政府与企业、农民之间存在着信息不对称。有时，政府与企业、农民三方主体之间存在着信息不对称的情况。如政府并没有出台可操作性的政策给农民、企业。如当农民、企业得知"三旧改造"、"双达标"、企业迁移入园的政策，只是大体了解政策轮廓，但由于文化水平、资金等原因，并不知道怎么去操作改造。

1　"三旧改造"是指广东省特有的改造模式，分别是"旧城镇、旧厂房、旧村庄"改造。"双达标"是指顺德为治理村级工业园出台的政策，即环保和安全生产双达标。

2　股份社成员在自己的土地上进行经营生产，承担了股份社和企业的双重角色。

调研访谈的过程中，农民与企业提出最多的意愿，就是需要政府给予可操作性政策，避免太过于宏观与一刀切。

以下框架图能很清晰地反映上述内容（图6-2）：

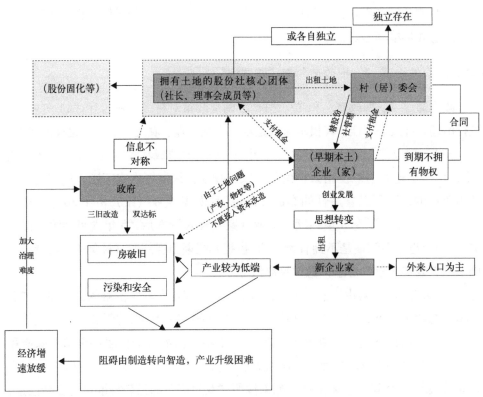

图6-2　政府－企业－农民多方利益主体的博弈关系分析

四、多方利益下的空间治理矛盾与难题

政府根据顺德实际情况，从城市长远发展的角度考虑，提出将发展要素逐步向空间集聚的战略理念，以"三旧改造"、"双达标"、企业迁移入园等策略为抓手，对村级工业园的现有问题逐步改善，为未来城市的产业发展整合出空间，这是一项很有远见的举措。但在这些策略实施的过程中，不可避免的总会遇到一个重要的环节，即多方利益的平衡，而这也将会带来一系列棘手的问题，如下：

①企业迁移与股民分红之间的矛盾。股民靠企业缴纳的土地租金每年领取分

红，如果这些企业被整治清退，那么势必会减少租金，同时也将减少股民的分红。如果企业被指引迁移入园，那么应该怎么平衡企业与股民的利益？

②资本来源与土地价格之间的矛盾。

在现有村级工业园的基础上提升、改造，资本从哪里来？

首先，早期本土企业（家），因为土地（产权、物权、续期等）问题，并没有改造动力。

其次，无论是国有资本征地的方式、还是社会资本的引入，都会与农民的价值观和对土地的期望值产生强烈的碰撞。由于地价、房价的不断攀升，农民对土地价格的期望越来越高。在调研的过程中发现，即使区位、环境条件都很差的村居，也一直盼望着在未来的某天将自己的土地卖出，拿到一笔较多的资金。

最后，如果是社会资本引入，那么社会资本会考虑是否有合适的投入与产出，不会轻易投入。如有某大企业准备投资顺德某镇，对政府开出的条件是地价50万一亩，高于该价格则不必再谈，而周边某镇恰好已经拍出了90万一亩。

③快速行动与租期未到的矛盾。政府已经非常清晰地意识到了目前阻碍顺德发展的核心问题，即整合空间、治理村级工业园、提高土地利用效率等。政府通过环保风暴、"三旧改造"等宏观政策的推动，采取了快速行动进行治理，说明政府也已经感觉到了危机。早期本土企业（家）的租期未到（有少部分已到期，根据政府的管理制度，采用每3年一租的形式），对于30年租期的来说，多数还剩10年左右，对于50年租期的来说，多数还剩20～30年。如果政府想在租期内对村级工业园进行治理的话，还是不可避免的回到了多方利益平衡的问题上。

综上所述，无论实施什么对策对顺德区村级工业园进行空间治理，都不可避免要平衡多方利益。在调研的过程中发现，甚至连只有初中文化的村两委干部都知道要平衡多方利益。那么，如何平衡多方利益？这才是要素空间集聚整合、向存量土地要发展空间的核心问题，这也是政府、企业、农民冥想苦思要真正解决的问题，只有让其得到顺利解决，顺德在存量土地中才能寻求到更广阔的发展空间。

五、寻找下一个出口：农村股份社改革

对于企业（家）来说，由于受制于土地、合同、租期等问题，在目前的纯租赁机制下不可能投入资本进行升级改造。对于农民（特别是股份社的股民）来说，

村级工业园的提升、改造虽然是好事，但无论是哪方投入资本，股民的分红有可能短期内搁浅、受损，但农民由于其自身的短视性往往更加注重短期利益。对于政府来说，虽然注重的是中长期利益，但却没有足够的资金去进行提升、改造。

综上所述，我们建议：在充分保证股份社股民利益的情况下，通过市场化的经济手段对股份社进行再次改革，在政府资金十分有限的情况下引入社会资金，同时调动企业的积极性，推动全区工业园区的提升改造，才能逐步向存量土地中要出发展空间。

专题 7　顺德区股份社改革研究与制度设计

中国科学院地理科学与资源研究所

2019 年 10 月

一、顺德区农村股份社的成立与两次改革

(一) 农村股份合作经济社的诞生

英国古典经济学家威廉·配第曾经说过：劳动是财富之父，土地是财富之母。如何切实发挥好土地的功效、维护和发展好农民的切身利益，成为我国改革开放过程中始终在探索的一个问题。

农村土地联产承包责任制打破了人民公社体制下土地集体所有、集体经营的旧的农业耕作模式，实现了土地集体所有权与经营权的分离，确立了土地集体所有制基础上以户为单位的家庭承包经营的新型农业耕作模式。所有权和经营权的分离，极大地调动了农民的生产积极性，有效提高了土地生产效率，因此家庭联产承包责任制被邓小平同志誉为中国农村改革与发展的"第一次飞跃"。

顺德在全国第一轮农村土地联产承包责任制承包期（1984～1998 年）尚未结束的时候，于 1993 年在全市率先推行"农村股份合作制"的改革。由于原来以自然村（原生产队）为单位的经济社规模过小（一般 50～70 户），不适应经济发展的需要，顺德在开始搞农村股份合作制时，要求以管理区（原生产队）为核算单位，将原来的经济社合并改建为"农村股份合作经济社"（以下简称"股份社"），对土地承包经营制度进行改革和完善。农村土地由股份社统一发包经营，实行公开投标，农民（原生产队社员）成为股份社股东，实行按股分红。股份社设股东代表大会、股份合作社理事会和财务监督小组。理事会的会长、副会长由股东代表大会选举产生。理事会的财务监督小组，负责对本社的财务管理工作进行监督。

股份社作为农地使用权产权制度的创新，是一种农民凭借土地要素参与收入分配的制度安排，糅合了股份制和合作制的特征：土地股份化且以合作经济组织的方式进行经营；农地的承包权转化为农民的股权，农地的经营权则交由股份合作组织。在这里土地被价值量化，然后以股份的形式界定到所属成员的头上。虽然股份的界定只是书面的，但它替代了过去因人口变化而对承包土地实物的频繁调整；更为重要的是，由于对土地的实物占有转变为价值占有，并且按股分红，这就成功地化解了工业化进程中一部分农民既不愿意耕种土地，又不愿意放弃土地的困惑，促使他们放弃土地的实际占有，安心从事二、三产业。而土地使用权则要通过股份社这个中介，按社区最大利益和效率原则进行流转，统一规划土地

使用，将农地交给专业农户或组织经营，从而在一定程度上实现了土地的科学使用且提升农地的经营规模及其效率[1]。

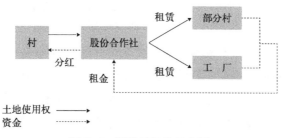

图 7-1 股份社运作示意图

（二）股份社的第一次改革

自 1993 年成立股份社至 2000 年，顺德区的股份社一直实行的是"死亡或者迁出自动失去，新生人口自动获得"的股权变更模式。这种模式在一定程度上兼顾了新增人口的利益，但是在这种利益导向下也必然产生新的问题。在股份分红较多的地区，便出现了局部的人口非正常增长。在这种情况下，股份成为一种公共物品，更多的子女就意味着更多的股份占有，这种非正常的利益导向成为刺激部分地区人口超生的直接推手。频繁的婚丧嫁娶在造成当地人口频繁变动的同时，也带来了频繁的股权变动。最后，因为股权是与个人的村民身份密切联系的，死亡或者迁出的话股份自动注销，这种股权变更模式从根本上遏制了股权本应具有的流动性。

基于这些问题带来的日渐增多的股权纠纷，顺德区于 2001 年继续深化农村体制改革，在全区实施股份社股权"生不增、死不减"的固化政策，并同步实施量化股份社资产的工作，开始了顺德区股份社的第一次改革。

所谓农民股权"生不增，死不减"的股份固化政策，就是将原属集体所有的土地资源、现有固定资产、自有资金等以股份的形式全部折股量化，按照一定标准把全部股权一次性配置给股份社的股东个人所有，股权可以在一定范围内流动。

股份社的股份（即股数）原则上按照集体股占 20%、个人股占 80% 的比例设置，

1 傅晨. 用"生不增、死不减"完善农地股份合作制—深化珠江三角洲农地制度改革的思考 [J]. 南方农村，1997（03）：1-3.

个人股部分一次性配置给2001年9月30日24时前在册的农业人口。股权固化后，个人股东的股份不再随年龄的增长而变化，新生和迁入的农业人口不再配置股份，今后如需扩股，必须按市场行为用现金购买，并经股东代表大会讨论决定。

"生不增，死不减"的股份固化政策首先作用是明晰了产权。现代产权理论认为，在现实经济中市场经济往往存在"外部性问题"，市场机制本身存在着缺陷。而外部性的产生是由于私人成本与社会成本的不相等，即社会成本大于私人成本，从而导致了社会福利的损失或低效。因此在市场的运行过程中，产权界定和合理配置占有重要地位。股份固化政策让每位股东对于集体资产的占有份额更加明确和稳定，这就为股权在一定范围内的流动创造了先决条件。股权的流动进一步把集体配给的"虚股"实化，让股权的内在价值得到进一步体现，也适应了市场经济对要素流动的要求。

其次，股份固化政策有利于农民离乡离土。"生不增，死不减"的股权固化方式，既承认了农民的既得利益，又使农民在不直接经营土地的情况下可以继续得到土地的增值收益，从而放心退出承包地，安心从事非农生产和经营，使劳动力及其他生产要素得以在更大范围内合理流动。

再次，农民股权"生不增、死不减"，同时对新增人口实行配售股的股权固化方式推动了股权的流动，使股权的内在价值得以实现，为股份社下一步向更加规范的股份制形式发展奠定了基础。

（三）股份社的第二次改革

股份固化政策将股权对于身份的依存转变为对人的依存，基本解决了因为婚丧嫁娶所带来的股权纠纷。但随着时代的发展，逐渐出现了"死亡人口有享受、新出生人口无分配"和身份变更[1]以及流转后的股权界定问题。基于此，顺德区于2012年出台《关于开展规范和完善顺德区农村股份合作社组织管理试点工作的指导意见》，对于股份社股权继承、赠与、转让程序作了详细规定，且要求"已故股东的股份，按规定办理继承，原则上自股东死亡之日起3个月内向所属股份合作社提出办理申请。不及时办理继承手续的，涉及的各项资产处置分配和收益分配由股份合作社代管，至继承手续办理完毕止"。

这次改革的过程中，顺德还首次试点将股份社股东设为村居股东和社会股东

---

1 包括农转非和移民等情况。

两种类型，从而为解决原始股东与通过股份流转获得股东资格的人员之间在权责分担、利益分享等方面区别对待的问题提供了一条可行路径。村居股东按所持股份享有相应的资产产权和收益分配权，同时依法享有股份社的表决权、选举与被选举权，而社会股东仅享有资产产权和收益分配权。

纵观顺德区股份社的发展历程，从其诞生之初到两次历史性的改革，无不是以问题为导向，旨在实现经济要素的合理配置，进一步促进地方经济的快速发展。顺德是我国改革开放的一个成功缩影，而股份社的改革历程可以说是顺德改革历程的一个成功缩影。

二、顺德区农村股份社存在的问题分析

股份社将农民手中的土地承包权转变为股权，通过招商引资极大地促进了当地的经济发展，并有效提高了土地的产出效率，从而提高了农民的收入。随着时代的发展，现实情况和经济运行环境均发生了巨大变化，而股份社的基本框架和组织形式却没有发生根本变化，其很多制度设计和运营模式已经由原来促进经济发展的因素转变为阻碍经济进一步发展的障碍。改革开放以来，农地股份合作制让东南沿海的经济始终处于全国发展的前列，但是近些年来其经济发展速度却明显放缓，这一点从股东每年的分红收益中可见一斑，学术界众多学者针对这点也做了大量研究。因此，顺德如果想重拾当年的经济发展速度，必须从根本上变革股份合作制的运营模式。

（一）股权结构分散、构成单一

股权结构是股份合作制制度安排的核心。目前，顺德区股份社的股权结构经过股权固化之后，都是集体股与个人股并存的二元股权结构。在量化股份社资产的过程中，集体资产折价抵销债务后，作为股本，20%为集体股，其余量化到人入社。

股份社集合农民手中的土地进行集中经营管理，每年进行分红，不管是从形式还是从内容上来看，其都具有了公司的性质。因此，可以借鉴公司股权结构来分析股份社股权结构存在的问题。

对于公司来讲，股权结构有两层含义，一是股权集中度，即前五大股东持股比例；二是股权构成，即各个不同背景的股东分别持有股份的多少。

（1）股权集中度。顺德区在实行股权固化之后，个人可以通过转让、赠与和继承这三种方式获得股权，但是实地调研发现顺德区股份社股权转让和赠与的比例极低，继承仍然占绝对比例，多年以来股权在股东中间基本是均匀分布的股权结构基本没有变动。股权过于分散的弊端也就渐渐显现。

股权过于分散，导致股份社内部没有"大股东"，股东对于股份社管理层"理事会"的监督和约束容易缺位。目前，顺德股份社的组织架构包括股东大会[1]、股东代表会议[2]、理事会[3]和财务监督小组[4]。在这样的组织框架中，财务监督小组起着监事会的作用，代表股东对理事会进行日常监督：检查监督理事会执行股东大会或股东代表会议的决议；检查监督集体资产经营管理的财务活动，行使财务预决算初审权、财务开支监督权和不合理开支否决权；检查监督集体资产的经营、招投标、租赁、流转等各项经济活动及合同的签订和履行等。

财务监督小组的职能设定虽然从制度设计方面几乎涵盖了股份社日常活动的方方面面，但是现代公司治理的实践和理论发展均表明，在通过常设机构对管理层进行监督的同时，大股东对于管理层的监督同样起着重要作用。

股权过于分散，使得每位股东都没有对管理层进行日常监督的动力，或者说个人股东对理事会进行监督的成本与收益严重不匹配，导致股东将监督权全权交付财务监督小组，却在无形中形成了财务监督小组缺少监督的情况，这样财务监督小组出现"道德风险"[5]的情况也就在所难免。如果再成立一个常设机构来监督财务监督小组，这样就会陷入机构设置的无限循环之中，任何一个新设机构都需要增设另一个机构来进行监督。此时，大股东监督往往能起到最后一道"防火墙"的作用，既可以有效降低监督成本，同时又可以大大提高监督效率。而在目前股权过于分散导致大股东缺失的情况下，无法形成对于管理层全面而有效的监督。

---

1 股东大会是股份合作社的最高权力机构，由年满18周岁、具有完全民事行为能力的全体村居股东组成。凡涉及股东切身利益的重大事项，由理事会提出方案，经村（居）"两委"联席会议讨论同意后，提交股东大会讨论决定。

2 股东代表会议是股份合作社的议事和决策机构，由全体股东代表组成。股东代表由全体村居股东选举产生，也可按村居股东数量的若干比例，由全体村居股东分片选举产生，实行分片联系制并对所在片区的股东负责。

3 理事会成员可由股东大会或股东代表会议选举产生。理事会设理事长一名，由理事会全体成员推选产生。

4 财务监督小组由股东大会或股东代表会议选举产生。财务监督小组设组长一名，由财务监督小组全体成员推选产生。

5 "道德风险"是80年代西方经济学家提出的一个经济哲学范畴的概念，即"从事经济活动的人在最大限度地增进自身效用的同时做出不利于他人的行动。"或者说是：当签约一方不完全承担风险后果时所采取的使自身效用最大化的自私行为。"道德风险"亦称"道德危机"。通常由信息不对称问题引起。

（2）股权构成。股份社成立之初，设立了集体股与个人股，形成二元股权结构。2012年股份社改革将个人股分为村居股东和社会股东两种类型，村居股东按所持股份享有相应的资产产权和收益分配权，同时享有股份合作社的表决权、选举与被选举权，而社会股东按所持股份享有相应的资产产权和收益分配权，不享有股份合作社的表决权、选举与被选举权。社会股东与村居股东相比，只享有"经济权利"，而不享有"政治权利"。

虽然个人股中分出了村居股和社会股，但是总体来看顺德股份社的股权构成仍然过于单一。单纯从股份社治理的角度来看，单一的股权构成不利于形成对于股份社管理层——理事会的有效股权激励。

理事会是股份合作社的日常管理和执行机构，由理事长主持理事会的全面工作。理事会除了负责组织召开股东大会、股东代表会议并报告工作，执行股东大会、股东代表会议决议外，还肩负着起草经济发展规划、业务经营计划、内部管理规章制度，起草土地承包、物业租赁和建设工程项目招投标方案，起草集体资产量化处置（包括征地补偿款分配、留用地处置和收益分配、集体建设用地流转和收益分配）方案和管理集体资产和财务，保障集体财产安全的职责。

通过理事会的职责设定可以看出，理事会作为股份社的管理层对于股份社经营效益的影响很大，一个好的管理层能够有效提高股份社的运作效率和经营业绩。但是从现有股份社的章程来看，从制度层面对于理事会的激励远远不够，因此导致理事会成了"看门人"，而不是"领路人"。

如果要对理事会成员进行有效的激励，股权激励是实际效果较好而成本又相对较低的一种激励措施。所谓股权激励，即以和股票相挂钩的未来收益作为对管理层的奖励，奖励既可以是在达到业绩要求后直接赠与管理层一定数量的股份，也可以是允许管理层以某一较低价格购买一定数量的股份。其用意均是激励管理层努力提高经营业绩，在为每一位股东创造财富的基础上得到一定的丰厚回报。

目前顺德股份社从股权结构上看，并没有涉及"经营管理风险股"等用于对管理层进行有效激励的股份种类，单一的股权结构限制了股份社经营业绩的进一步提高。

（二）治理结构扁平化导致决策成本高

根据《顺德区农村（社区）股份合作社组织管理办法》的规定，股份社的最高权力机关是股东代表大会，凡涉及股东切身利益的重大事项，必须提交股东代表大会讨论决定；召开股东代表大会，要有超过三分之二的股东代表参加方为有效；股东代表大会讨论决定的事项，必须有参加会议的股东代表二分之一以上同意方为有效。

股份社股东大会在这种决策机制的基础上不论个人股份多少，实行一人一票，凡年满18周岁的（村居）股东，均享有选举权。

农民专业合作社是在农村家庭承包经营基础上，同类农产品的生产经营者或者同类农业生产经营服务的提供者、利用者，自愿联合、民主管理的互助性经济组织。它将从事专业生产的农民组织起来，使其成为广大农村最基本的经济组织，从而有利于有效提高农民的组织化程度，进而确立农民在农村政治经济生活中的主体地位。所以农业合作社从产生之初就承担着为农民服务、为成员谋利的天然职能，为了保证合作社的这种职能，必须从制度上设置保障，突出其"民有、民管、民受益"的特征，因此"一人一票"就是合作社成员民主管理的鲜明特征。

最早确立"一人一票"制的是美国于1992年通过的凯谱沃斯蒂德法。第一次世界大战结束后，农产品的需求量急剧下降，农业市场行情陷入不景气之中。而在与大型商场企业谈判的过程中，农民处于劣势地位，其利益一度无法得到保障。为此，出于平衡农产品买卖双方力量对比的目的，美国及其他一些国家尝试给予农业主体进行联合交易的特权，增强其同买方进行谈判的实力。1914年美国国会制定了克莱顿法，其第6条给予了"那些为了互助、没有资本、不盈利的劳动组织、农业组织、园艺组织"以豁免的待遇，允许这些组织为了其"合法目的"进行联合活动。1922年国会又通过了凯普沃斯蒂德法，将克莱顿法规定的豁免主体进行了扩展，不再对其主体的营利性、资本性进行限定，豁免的主体规定为"以农民、种植园主、牧场主、坚果或水果种植者，乳品场主身份参与农产品领域生产的人"组成的"有资本股份或无资本股份的……协会、公司或其他联合形式"。同时规定，农业联合组织的成员不仅要求全部由个体农业生产者组成，而且在其组织内部的表决和投票权中须遵循"一人一票"制，无论该成员在组织的资金多少，只有一个投票权。

"一人一票"制设计的初衷是防止资本集中损害民主，保护个体农民的利益，从而实现全体成员的共同利益。在现实经济中，个体农民除了会受到市场竞争中来自其他市场主体的竞争风险外，还易受到来自联合组织内部资金雄厚成员的排斥，如果一个农民专业合作社实行公司化的资本投票制，那么资本雄厚的成员将会成为最终的受益者，农民专业合作社也就会沦为这些资本雄厚成员的法律外衣。

所以，为了实现全体成员的共同利益这一目标，我国借鉴凯普沃斯蒂德法，实行"一人一票"制，本来目的就是为了保证农民专业合作社成员的民主性，防止投票权过分集中到少数资金雄厚的成员手。

但是，随着农民专业合作社的发展，许多问题和弊端也逐渐浮现出来，其中资金短缺成为各种问题中的重中之重。合作社乃个体劳动者的联合组织，其成员必须为农业生产者，因此其不能像公司企业那样为了实现利润最大化而大量吸引外来资金，全部资本来自本组织内的成员资本投入，合作社对成员的资本支付红利。

在合作社组织发展初期，成员投资完全能满足经营需要，随着市场竞争的加剧，整个合作社在筹资方面存在缺陷，仅依靠社员提供的资金从事生产经营很难把合作组织办好，难以同其他企业，特别是私营企业竞争。因此，局限于向本社社员集资，已经远远不能适应市场经济发展的需要。

"一人一票"制是一种扁平化的治理结构，其背后隐含的是"全员"管理的体制。股份合作者的民主管理原则，要求重大经营、投资分配等决策必须通过股东大会投票决定。这种决策机制和内部治理模式，表面上体现和保证了组织的平等，客观上却是以低效率、高成本和高风险为代价。股东的要求表面上得到充分考虑，但决策过程迟缓，科学性不充分，甚至不能有效适应市场的变化。因此，股份合作社坚持"一人一票"制实际上是在舍弃"效率"的基础上一味追求"民主"，而这二者本身就需要平衡。

（三）分配结构与决策机制不匹配，导致集体股利益无法得到保障

2002年，顺德区在进行"股权固化、资产量化"改革的过程中，规定股份合作社的股份分为集体股和个人股，原则上集体股占20%，个人股占80%；股份合作社的资产，按股权设置，集体占20%，个人占80%，今后合作社的集体股及其收益，不得量化到个人，留作集体积累，用于公共事务、福利事业开支。今后的征地补偿收入，留20%作为集体股收益，另80%按固化股权后各股东所拥有的份额一次性量化到个人。

同时，股份合作社今后每年的集体可支配收入在扣除国家税金、管理费用以及提取公益金后，余下的可分配部分按照集体股20%、个人股80%的比例进行分配。集体股部分的资产经营收益或处置收益，原则上用于本社的公共管理、公益服务以及发展壮大集体经济的开支。

顺德股份社改革虽然没有赋予集体股以投票权，但赋予了集体股以分红收益

权，并对集体股收益的用途做了详细规定。同时规定了讨论决定股份社经济发展计划、收支计划及收益分配计划方案的权利归股东代表大会。

而对于股份社的股东来讲，限于其自身的知识水平和生活环境，短视性和风险厌恶成为其典型特征，因此其所关心的往往只是每年的分红收益有多少，而对于集体积累是持反对态度的。因而在集体股收益缺少监督保障的情况下，股东通过股东代表大会反对集体积累的情况也就在所难免。而这也与我们在调研过程中了解到的情况基本吻合，顺德区大部分股份社每年年底的收益都是全部分给股东个人，不仅集体股的收益没有留存，正常的股份社发展积累金也没有留存，这对于股份社的长远发展是严重不利的。

南开大学的葛杨教授于 2011 年以佛山市南海区、顺德区、高明区、三水区1992 ~ 2009 年的相关社会经济数据，用"双重差分模型"（difference-in-differences model）的计量方法，测量农地股份合作制对农民增收所产生的因果效应大小。研究发现[1]，农地股份合作制在实施当年及之后的三年内对农民人均纯收入有显著的正向影响，或者说农地股份合作制在促进农民增收方面有显著作用。但是从全面实施农地股份合作制之后的第四年开始直至第九年，农地股份合作制对农民人均纯收入增长率仍有正向影响，但影响作用均不显著且影响力越来越小；而从改革后的第十年开始直至第十三年，这四年间股份合作制对农民人均纯收入甚至产生了负向影响。因此，可以说农地股份合作制不具备持续的增收效应。

目前，顺德区股份社的收入基本以土地租金收入和物业收入为主，少部分股份社拥有经营性企业。土地租金收入和物业收入相对稳定，这两项收入的稳定性也就制约了其对农民人均纯收入持续增长的贡献，因此要保证将股份社农民的人均纯收入保持在一个较高的增长率水平上，股份社拥有自主经营收益权的产业（企业）则是必不可少的，也就是说，股份社每年的分红收益留存部分除了保证基本的公共服务开支外，还要有一部分用于产业投资开发，这样才能最大化股份社和股东的长远利益。

但是股份社股东因其短视的特征和股份社"一人一票"的民主决策机制，导致绝大部分股份社每年几乎没有分红收益留存，集体股的收益权也无法得到保障，这严重制约了股份社集体经济的发展壮大，也严重制约了顺德区经济的发展。

1 贾春梅，葛杨.农地股份合作制的农民增收效应研究——基于 1992—2009 年佛山四市（区）的实证分析 [J].南京师大学报（社会科学版），2012（1）：58-65.

三、顺德区农村股份合作社改革的多赢目标

（一）进一步完善股份社股份权能，为股东创造更多权益

股份合作社的股权产生于农村土地承包经营权，承包经营权构成股份社股权产生的基础和依据。承包经营权的用益物权的物权性质以及权利的内容已在《物权法》中得以确立。我国《土地承包法》第 10 条规定："国家保护承包方依法、自愿、有偿地进行土地承包经营权流传"。第 32 条规定："通过家庭承包取得的土地承包经营权可以依法采取转包、出租、互换、转让或者其他方式流转"。第 49 条规定："通过招标、拍卖、公开协商等方式承包农村土地，经依法登记取得土地承包经营权证或者林权证等证书的，其土地承包经营权可以依法采取转让、出租、入股、抵押或者其他方式流转"。

股权作为土地承包经营权的转化或者高级形式，相较于土地承包经营权本应具有更好的灵活性和更多的职能，包括抵押、担保等金融职能。但实际上股权转让因为缺乏健全的保障机制而寥寥无几，且已于 2015 年被叫停，直接导致股权的金融职能无法发挥。

产权经济学派认为，经济增长的根本原因在于产权制度的有效安排，并使之合理化。只有建立起合理的产权制度，才能形成有效的市场价格机制和激励机制，实现资源的最优配置。顺德股份社改革的首要目标便是提高股权的流动性，完善股份的权能，在每年享受分红收益之外，让股权为股东创造更多价值。

（二）改进股份社管理体制，降低决策成本

顺德区股份社因为股权集中度过低、股权构成单一，导致股东对于理事会的监督动机不足，且对理事会的激励亦严重不足。股份社管理体制的不完善是制约顺德区股份制集体经济进一步做大、做强的一大瓶颈。可通过对股份社进行股份制改革，适当提高股权集中度，实现股权种类多样化，改进现有的股份社管理体制，打破现有的过于扁平化的决策机制，有效降低决策成本，为今后进一步壮大集体经济打下制度基础。

（三）壮大股份社集体经济，切实提高股份社股东收入

顺德区股份社目前主要依靠鱼塘收入、土地租金收入和物业费来维持股份社

的日常运作和年底分红，而每年仅数千元的分红以现今的生活水平来衡量，已不足以维持一个成年人正常的生活水平。究其原因，则是因为股份社缺少实体经济的支撑，而每年的高分红率又导致理事会没有足够的资金来发展实体经济，导致股份社"稳定有余，而进取不足"。

通过对股份社进行改革，优化制度设计，为股份社今后的长远发展储备充足的发展基金，同时赋予理事会更多的权限，以股份社为载体大力发展实体经济，彻底改变"重分红轻发展"的局面，从而壮大股份制集体经济。

（四）构建能够调和多方利益的机制，为顺德区产业升级改造奠定基础

经过 20 多年的发展，顺德区产业园区呈现遍地开花的景象。园区分布分散，土地利用率低，对产业园区进行集中规划调整、升级改造，不仅涉及到资金来源问题，还涉及到股份社股东利益平衡问题。

应对产业园区进行集中规划、升级改造。政府虽然表面上面对的是各个股份社的理事会，实际上面对的是股份社的每一位股东。产业园区的改造升级从长远来看对股份社是有益的，但短期内会使部分股东的利益受损，而股份社股东由于其短视的特性存在，对短期利益受损往往无法接受，从而导致园区改造升级困难。而对园区进行集中规划，势必伤害一部分股份社的利益，从而伤害其股东的利益，其推行难度势必更大。

因此完成园区的集中规划、改造升级，必须通过股份制改革维护好股东的眼前利益和长远利益，从而减少甚至消除来自股东的阻力，为顺德区产业升级改造奠定基础。

四、顺德区农地股份合作社改革的制度设计和方案

（一）制度框架

1. 依法保护农村土地承包权

根据我国的法律规定，我国农村土地属于集体所有，农民只享有使用、收益和部分处置权。农村土地股份合作制是在家庭联产承包制的基础上，将农地所有权、承包权、经营权三者分离，重新界定集体、农民、合作社之间的产权关系。集体拥有农村土地的所有权不变，农户拥有承包权，股份合作社以股权换取农民的经营权，使其实现从直接从事农业生产到凭借土地产权进行分红的转变。土地

的经营权（使用权）归于土地股份合作社统一规划，开发商或种植大户等通过付出资金进行承包或租赁获得土地经营权。由此，农村土地的所有者、承包者和经营者相互之间的关系构成了土地股份合作社的产权结构，农户承包经营权入股后，土地所有权、承包权不发生变化。可见，农民对于土地的承包权是农地股份合作社组建、运营的基础，同时也是农民的最后一道生活保障，因此进行股份社改革必须以依法保护农民的土地承包权为前提。

2. 规范股份社法人治理结构

治理结构是农村股份合作社民事主体资格的组织基础，完善的治理结构对股份合作社的组建和高效管理具有重要作用。联合国开发计划署对治理结构所作的定义是："治理结构是对组织、社会团体等的行为使用的控制权、支配权和管理权。此权利是从下至上参与型治理结构体现的分权和从上而下的统制型治理结构体现的集权的结合体。"

顺德区股份合作社目前存在监督约束机制不健全、决策成本高、股权设置封闭等问题。不健全的治理结构是股份合作社经济发展的一大瓶颈，进行股份社改革的首要目标即为规范股份社法人治理结构，让股份社改革的实施在一个高效、有序的治理框架下有序推进。

3. 建立健全农村资产及要素市场配置机制

实现生产要素的优化配置是发展现代经济的关键。在政府的指导下，建立农村资产股权、农用设备、农业技术、农业知识产权等农村有形市场体系、运行机制和资产评估等中介服务体系，为农村资产产权及要素的交易、融资和资产价值实现提供平台和规则，为农民由农村户口转为城市户口过程中农村资产价值的变现和退出提供通道，助推城市资本、技术、管理等要素与农村土地、劳动力资源结合。

顺德在发展市场经济的过程中，通过建立健全农村资产及要素市场配置机制，首先让市场对股民手中的股权给予一个合理的价格，其次让股权进行合理的流动，真正让股权成为股东们的一项资产，通过正确的价格引导实现股权在股份社内部的优化配置。

4. 完善土地经营权自愿退出机制

一个运作机制健全的股份合作社，既允许股权的合理流动，也允许人员的合理流动。在实际操作中，农民退出股份社的现象从未间断，其原因也是多种多样。从外界影响来看，持股者可能会有离婚、出嫁、外出、死亡等导致户籍迁移以及失去或放弃土地承包经营权的情况；从内因来看，可能是股份合作社创收低下，实在满足不了农民的基本需求。

应通过股份社的改革，在依法保护农民土地承包权的基础上，建立完善农民土地经营权自愿退出机制，赋予股份社股东"用脚投票"的权利，间接地对股份社理事会的经营管理水平提出更高的要求，从而引导股份社的经营管理走上不断市场化的道路，增强股份社的综合竞争力。

（二）股份社改革方案一

1. 进行股份分割，增加股份数量

在 2001 年股权固化的基础上，对现有股份按照 1：10、1：20 的比例（也可根据股份社自身情况确定分割比例）进行分割（也成拆股），增加现有股份的数量。

从 2001 年股权固化以来，顺德区股份社的股份流转途径有继承、转让和赠与三种途径，但是转让和赠与的比例极低，基本以继承为主。经过多年的继承，大部分股份社都出现了部分股东所持股份不足一股的现象，这为分红计算和股权转让带来了诸多不便，因此首先应对股份社股份进行分割，消除股份不足一股的问题，并在今后视具体情况，由股份社自行决定再次进行股份分割的比例。

其次，通过股份分割降低每股股份的市场价格。虽然目前大部分股份社的年底分红收益只有几千元，但是股东普遍对征地补偿抱有较高的预期，因此导致每股股份的市场价格达到了十几万元甚至几十万元。较高的市场估值严重制约了股权的流动性，通过高比例的重复拆股，降低每股股份的市场价格，可以有效提高股份的流动性。

再次，现在大部分股份社股东拥有 1 ～ 2 股股权，对于拥有 1 股的股东来说，卖出一股股份就意味着彻底丧失了股权；而对于拥有 2 股的股东来说，卖出一股也意味着出让自己 50% 的股权。对于股东来说，出让股权的风险较高，导致股东出让股权的意愿往往不足。经过高比例的拆股之后，可以有效防止这种情况的出现，可以由股东自行决定愿意出让的比例。

2. 赋予集体股以投票权

改革股份合作社组织管理办法，赋予集体股以投票权，由理事会代为投票。

顺德在 2001 年"股权固化、资产量化"的过程中，以"实事求是、预备风险、逐步兑现"为原则，对扣除债务后的净资产按 20% 留归集体、80% 配给村民的办法进行量化处理。股份合作社每年的集体可支配收入扣除国家税金、管理费用以及提取公益金后，余下的可分配部分按集体股 20%、个人股 80% 的比例进行分配。

集体股是集体共同拥有的股权，其理论上的持有人是社区全体成员，在实践中一般都由集体组织代理持股。在这样的背景下，集体股只享有收益权，而没有投票权。实践证明，在没有投票权的情况下，集体股的分红收益权也往往无法保证。因此，赋予集体股以投票权，由理事会代为投票，一方面利于维护集体股的合法权益，为集体经济发展保留必要的发展基金，另一方面可适当提高理事会的投票话语权，激发理事会干事创业的热情，并搭建干事创业的平台。

3. 完善股份社决策机制

在现行"一人一票"制的决策机制的基础上，增加"一股一票"的投票机制，将"一人一票"制和"一股一票"制结合起来，在充分肯定民主决策和管理的前提下，适当兼顾大股东的利益。具体做法是在涉及选举等事项时，采用"一人一票"制。而涉及投资计划等经营决策事项时，采用"一股一票"。

对涉及经济决策的事项实行"一股一票"制，可以促进股份社内部的股权流转，为真正关心股份社发展的股东提供参与经济决策的机制，实现股份社内部资源的优化配置。

4. 搭建股份流转登记平台

升级改造现有农村股份社股权信息化管理系统，将其打造成股份社股权公开交易、协议转让、红利发放的平台，增强股权的流动性，促进股权的正常流转，让市场赋予股权以公正、合理的价格。

对于股份社股东进行股份分拆之后的股份份额，先期试点可以规定股东出让股份的一个最高比例，比如 50%，即将股份社股东手中 50% 的股份划为流通股，剩余 50% 为非流动股，以免出现个别股东一次性出让股权后因暂时的流动性不足而无法重新获得股权的情况出现。后期随着股权流动性的不断提高，流通股的比例可以不断提高，以增加流通股的数量，同时提高股东可以进行资金变现的总额。

为了提高股东手中股权的金融属性，让股权为股东创造更多的效益，可将股份转让登记平台与银行的信贷平台进行对接，实现股权的抵押、担保等功能，为股份社和股东提供足够的金融支持，在促进股份社集体经济和个体经济发展的同时，有效提高股权的估值水平。

5.逐步扩大股权转让范围

从 2001 年股权固化至 2015 年顺德区暂停股权转让为止，这期间顺德区规定，股权转让（赠与）的受让人（受赠人）须符合下列情况之一：(1) 转让人（赠与人）户籍在本村（社区）的近亲属和其他具有抚养、赡养关系（如翁婿、婆媳）的亲属；(2) 户籍在本村（社区）的股份社股东及其配偶、子女；(3) 转让人（赠与人）所属的股份社。

顺德区对于股权转让的规定实际上将其转让（赠与）范围限定在股份社内部进行。股份社股权流动的封闭性一方面限制了股份社的人才引进。对于已经具有公司性质的股份合作社而言，其管理运营单纯依靠股份社内部选举出的理事会不利于提高股份社的经营管理水平和经济效益，适当引进人才对于实现股份社的长远发展而言是必不可少的。股权流动的封闭性限制了股份社通过出让股份的形式引进管理型人才。另一方面，股权流动的封闭性堵塞了股份社利用外部资金发展壮大集体经济的途径。目前，大部分股份社缺少发展壮大集体经济的必要资金积累，而在股份社继续做大做强的过程中，除了必要的内部资金积累，外部资金（资本）的引入也是必不可少的。而要引入外界资金（资本），必须首先打破股权流动的封闭性。

在试点过程中，应首先实现股权的内部转让。通过不断的股份拆分，同时对股份社股东进行必要的股权流转知识培训，让股份社内部的股权流转活跃起来。在内部流转的规模做大之后，打破股权流转的封闭性，为股份社引入外部发展资金铺平道路。最终实现股份社与股份社之间的股权流动，为将来股份社的合并奠定基础。

6.城投公司介入股份社股权流转

在打破股权流转的封闭性之后，城投公司可利用自有资金介入股份社股权流转。一方面，城投公司可以充当股权流转试点早期的做市商，提高股权流转的活跃度；另一方面可以逐步收购股份社的部分股权，从而为下一步的产业园区集中整治、改造升级创造条件。

对于股份社的股东而言，股权流动性的高低直接影响其参与股权流转的意愿。股权流动性高，意味着股东在出让部分股权之后，可以在短时间内以市场价格将同等数量的股份购回，这样就大大提高了股权转让行为的容错性。而如果股权流动性低，股东出让部分股权有可能意味着对这部分股权的永久丧失，这会严重制约股东参与股权转让的积极性，既降低了股权的流动性，又使得股东手中的股权价值大打折扣。城投公司利用自有资金充当做市场可以起到活跃市场的作用，从而使股权交易试点工作顺利推进。

另外，顺德区股份社手中的产业园区分散程度高，土地利用率较低，能否对产业园区进行集中整治、升级改造关系到顺德区未来的经济发展和社会转型能否成功。而目前如果由政府出资对园区进行改造，所需资金量巨大，政府无力承担；租用股份社土地的企业没有动力来对园区厂房进行改造[1]；股份社缺乏资金实力和相应的股东支持来对园区进行升级改造，因此对于园区的升级改造最终仍需由政府来牵头，汇集多方力量来完成。

作为政府投融资凭条的城投公司，可利用有限的资金介入股份社股权流转，对政府有意向进行园区合并、改造的股份社的股份进行重点收购，逐步成为股份社的大股东或者相对大股东，从制度层面推动产业园区的改造。

通过收购股份社的股权，政府可以以城投公司为载体推动股份社的合并，从而推动产业园区的集中。产业园区的集中整治，主要涉及股份社之间的利益平衡。集中整治首先会使股份社股东的眼前利益受损（年底分红的减少），其次会使涉及部分关闭园区的股份社股东利益受损，因此能否有效平衡园区集中整治过程中股东的利益直接关系着集中整治工作的成败。

城投公司可通过提高股权交易的活跃度提高股权的流动性，从而弥补股东眼前利益的损失。市场会对集中整治这一行为做出理性的反应，鉴于集中整治对于股份社长远发展的有益性，市场会对股份社的股权给出更高的价格，从而弥补股东年底分红减少造成的损失。而在推动园区整合的过程中，城投公司将原本用于园区整治的资金转化为股份社的股份，通过自己手中掌握的股份推动股份社股东交叉持股和换股，让关闭部分园区对股东利益造成的损失通过股权的升值来进行弥补，从而有效减少园区整合的阻力，同时提高政府资金的使用效率。

7. 试点股份社的选择

对于进行股权改革试点的股份社的选择，应该满足以下条件：

（1）严格执行了"生不增、死不减"的股权固化政策；

（2）股权权属清晰，不存在股权纠纷；

（3）股份社每年的年底分红比较稳定，且分红金额在4000元以上；

（4）股份社内部有一定的股权流动需求；

（5）股份社财务制度健全，财务透明度高；

1　根据企业同股份设订立的租赁合同的规定，厂房由企业建造，合同期满后厂房归股份社集体所有。

（6）理事会具有较高的领导和创新能力。

（三）股份社改革方案二

1. 赋予集体股以投票权

改革股份合作社组织管理办法，赋予集体股以投票权，由理事会代为投票，保障集体股的分红收益权，为下一步引入的资金股获得投票权奠定基础。

2. 增设资金股，并赋予投票权

在现有集体股、个人股的基础上，增设资金股，并赋予其投票权。顺德区2001年股权固化的过程中规定：股权固化后，个人股东的股份不再随年龄的增长而变化，新生和迁入的农业人口不再配置股份，今后如需扩股，必须按市场行为用现金购买，并经股东代表大会讨论决定。因此，增设资金股有法理依据。

顺德区股份社现有的个人股是农民将土地承包权让渡给股份社后取得的，所以现有的股权不论是在形式上还是在实质上，都和土地承包权有着相互依存的关系。而农民对于土地没有所有权，因此导致股份合作社的股权有别于传统意义上公司的股权，即农民通过土地承包经营权入股取得的股权具有先天的"不完整性"，而这种不完整性成为制约股权交易的关键障碍。

将现有个人股划为原始股，在此基础上增设资金股，首先赋予股份社现有股东通过现金交易的方式购买与其现有原始股数量一致（成比例）的资金股，这样就可以绕过土地承包经营权的框架约束，让股权可以自由流通。资金股与原始股享有同样的分红收益权和投票权，但是原始股不可赠与和转让，只能继承；而资金股可以参与市场化的交易和转让。

其次，通过增设资金股，股份社可以储备一定的集体经济发展基金，用于发展壮大股份社的经济实力，同时可以起到提高股东手中股权的作用。

3. 进行股份分割，增加股份数量

按照1:10（具体比例也可由股份社自行决定）的比例对原始股和资金股同时进行股份分割，消除部分股东原始股数量不足一股的现象，增加可以流通的资金股的数量，同时降低其交易价格，提高资金股的市场流动性。

4. 完善股份社决策机制

在赋予集体股和资金股以投票权的基础上，在现行"一人一票"的投票制度框架下增加"一股一票"的投票机制，具体做法是在涉及选举等事项时，采用"一人一票"制。而涉及投资计划等经营决策事项时，采用"一股一票"。

5. 搭建股份流转登记平台

升级改造现有农村股份社股权信息化管理系统，将其打造成股份社股权公开交易、协议转让、红利发放的平台，增强资金股的流动性，促进股权的正常流转，让市场赋予股权以公正、合理的价格。

将股份转让登记平台与银行的信贷平台进行对接，实现资金股的抵押、担保等功能，为股份社和股东提供足够的金融支持，在促进股份社集体经济和个体经济发展的同时，有效提高股权的估值水平。

6. 逐步扩大股权转让范围

在试点过程中，首先实现资金股的内部转让。通过不断的股份拆分，同时对股份社股东进行必要的股权流转知识培训，让股份社内部的股权流转活跃起来。在内部流转的规模做大之后，打破股权流转的封闭性，引入外部资金，为股份社的发展拓宽融资渠道。

7. 进一步增加试点股份社的资金股比例

待资金股的流转基本推开、流动性逐步提高之后，在股份社内部继续增加资金股的比例，降低原始股的比例（争取将原始股的比例降至40%以下），一方面提高股东对于股份社未来发展的关注（关心）程度，另一方面为将来股份社的合并、解散奠定基础。

8. 城投公司介入股份社股权流转

在打破股权流转的封闭性之后，城投公司可利用自有资金介入股份社股权流转。一方面，城投公司可以充当股权流转试点早期的做市商，提高资金股流转的活跃度；另一方面可以逐步收购股份社的部分股权，从而为下一步的产业园区集中整治、改造升级创造条件。

9. 试点股份社的选择

对于进行股权改革试点的股份社的选择，应该满足以下条件：

（1）严格执行了"生不增、死不减"的股权固化政策；

（2）股权权属清晰，不存在股权纠纷；

（3）股份社每年的年底分红比较稳定，且分红金额在5000元以上；

（4）股份社内部有一定的股权流动需求；

（5）股份社财务制度健全，财务透明度高；

（6）股份社自身有较强的产业发展需求；

（7）理事会具有较高的领导和创新能力。